Access 2010 项目教程

代秀珍　贾振刚　主　编
孟庆云　夏永秋　副主编

U0305803

北京理工大学出版社
BEIJING INSTITUTE OF TECHNOLOGY PRESS

内 容 简 介

本书采用了大量的精彩案例，突出 Access 2010 数据库管理系统软件的实践操作与实用技巧，能够让学习者循序渐进的学习 Access 2010，真正做到教、学、做一体化。

全书共包括创建数据库、数据表的创建与维护、查询的创建与应用、窗体的创建与应用、报表的设计和宏 6 个项目、38 个任务，并详细讲述了每个任务的实施步骤和相关的理论知识。每个项目的最后提供了大量的实训内容和习题，供学习者思考和练习。

本书可以作为"Access 数据库应用"课程的教材，也可以为初学者学习 Access 提供参考。

版权专有　侵权必究

图书在版编目（CIP）数据

Access 2010 项目教程/代秀珍，贾振刚主编. —北京：北京理工大学出版社，2016. 3

ISBN 978 - 7 - 5682 - 1964 - 8

Ⅰ. ①A…　Ⅱ. ①代… ②贾…　Ⅲ. ①关系数据库系统—高等职业教育—教材　Ⅳ. ①TP311. 138

中国版本图书馆 CIP 数据核字（2016）第 042625 号

出版发行／北京理工大学出版社有限责任公司

社　　　址／北京市海淀区中关村南大街 5 号

邮　　　编／100081

电　　　话／（010）68914775（总编室）

　　　　　　（010）82562903（教材售后服务热线）

　　　　　　（010）68948351（其他图书服务热线）

网　　　址／http://www.bitpress.com.cn

经　　　销／全国各地新华书店

印　　　刷／三河市华骏印务包装有限公司

开　　　本／787 毫米×1092 毫米　1/16

印　　　张／14. 75　　　　　　　　　　　　　　　　责任编辑／高　芳

字　　　数／352 千字　　　　　　　　　　　　　　　文案编辑／高　芳

版　　　次／2016 年 3 月第 1 版　2016 年 3 月第 1 次印刷　责任校对／周瑞红

定　　　价／48. 00 元　　　　　　　　　　　　　　　责任印制／李志强

图书出现印装质量问题，请拨打售后服务热线，本社负责调换

前　言

Access 2010 数据库管理系统软件是 Office 2010 办公软件的重要组成部分，使用简单便捷，它提供的模板使用户可以快速开始工作。同时，Access 2010 还提供了强大的工具，使用户能够随时掌握数据的发展趋势。

本书为体现高等教育的新理念和特点，本着通俗易懂、例题丰富的原则，为达到重点突出实用性和实践性的目的，采用项目教学的方式，详细介绍了 Access 2010 数据库管理系统软件的功能和特性。

本书共包含创建数据库、数据表的创建和维护、查询的创建与应用、窗体的创建与应用、报表设计和宏 6 个项目，并把每个项目分解成若干个典型的小任务。通过每个任务的分析和实施过程，带领读者循序渐进地学习相关的理论知识和操作技能，同时，在每个项目的最后设计了实训任务，使读者通过实训巩固所学知识和技能，从而达到"教、学、做"一体化的教学目的，能够更好地做到理论联系实践，培养学生的学习能力、工作能力和创造能力。

本书由代秀珍、贾振刚主编，项目 1、项目 4 由贾振刚编写，项目 2 由孟庆云编写，项目 3 由代秀珍编写，项目 5 和项目 6 由夏永秋编写，全书由代秀珍负责整理和统稿。虽然我们竭尽全力使本书成为具有特色的优秀教材，但水平有限，书中难免有不足之处，恳请读者提出宝贵意见。

本书既适合初学者学习和参考，又可以作为"Access 数据库应用"等课程的教材。

编　者
2016 年 1 月

目　　录

项目 1　创建数据库 ··· 1

　　任务 1　初识数据库与 Access 2010 ·································· 1

　　任务 2　认识 Access 2010 的工作界面 ······························ 4

　　任务 3　了解 Access 2010 数据库的 6 大组成对象 ················ 8

　　任务 4　创建一个名称为"教学管理"的 Access 2010 数据库 ······ 10

　　实训 ·· 13

　　思考与练习 ·· 13

项目 2　数据表的创建与维护 ·· 14

　　任务 1　创建数据表 ·· 14

　　任务 2　修改表结构 ·· 22

　　任务 3　在"教师授课表"中插入其他表中的字段 ················ 25

　　任务 4　字段属性的设置 ·· 28

　　任务 5　主键和索引的设置 ·· 41

　　任务 6　表关系的创建和编辑 ·· 44

　　任务 7　查找和替换数据表中的数据 ································· 51

　　任务 8　调整学生表的外观 ·· 53

　　任务 9　对学生表进行数据排序 ····································· 57

　　任务 10　筛选学生表的数据 ·· 60

　　任务 11　为数据库设置数据库密码 ································· 65

　　任务 12　为"教学管理"数据库完成数据的导入 ·················· 67

　　任务 13　在"教学管理"数据库中链接数据 ······················ 73

　　任务 14　数据的导出 ·· 77

　　实训 ·· 82

　　思考与练习 ·· 87

项目 3　查询的创建与应用 ·· 89

　　任务 1　查询向导的应用 ·· 90

　　任务 2　选择查询的应用 ·· 99

　　任务 3　建立交叉表查询 ··· 116

　　任务 4　建立参数查询 ··· 119

　　任务 5　建立操作查询 ··· 122

　　任务 6　SQL 查询的使用 ··· 128

　　实训 ··· 141

　　思考与练习 ·· 144

项目4　窗体的创建与应用 ·· 146

　　任务1　利用"窗体向导"创建窗体 ····························· 148

　　任务2　利用"其他窗体"及导航按钮创建窗体 ················· 156

　　任务3　常见控件的设计方法 ································· 164

　　任务4　设计自定义窗体 ····································· 181

　　实训 ··· 185

　　思考与练习 ··· 187

项目5　报表设计 ·· 189

　　任务1　创建学生信息报表 ··································· 191

　　任务2　创建各系教师信息统计报表 ··························· 193

　　任务3　创建学生信息标签报表 ······························· 196

　　任务4　使用报表设计工具创建报表并对报表进行编辑 ··········· 199

　　任务5　为报表添加背景 ····································· 211

　　任务6　为报表添加页码和当前日期 ··························· 212

　　任务7　报表的预览和打印 ··································· 213

　　实训 ··· 214

　　思考与练习 ··· 215

项目6　宏 ·· 217

　　任务1　创建一个操作序列宏"预览教师信息表" ··············· 221

　　任务2　创建宏组 ··· 221

　　任务3　创建判断双休日的宏 ································· 224

　　实训 ··· 226

　　思考与练习 ··· 227

项目 1
创建数据库

● 学习目标

❈ 数据库基础知识
❈ Access 2010 的特点
❈ Access 2010 的启动和退出
❈ 创建 Access 2010 数据库
❈ 打开和关闭 Access 2010 数据库
❈ Access 2010 数据库的 6 大对象的主要概念和功能

任务 1　初识数据库与 Access 2010

任务描述

初识 Access 2010，掌握数据库的基础知识。

任务分析

本任务主要了解、掌握有关数据库的概念、数据库的分类，初步了解 Access 2010。

预备知识

1. 数据库理论基础

1）信息
信息就是对客观事物的反映，就是新的、有用的事实和知识。

2）数据
数据（Data）是用来记录信息的可识别的符号，是信息的载体和具体的表现形式。数据的表现形式包括数字、文字、图形、图像、声音等。

3）数据库
数据库（DataBase，DB）是存储在一起的相关数据的集合。数据的存储独立于使用它的程序；对数据库插入新数据，修改和检索原有数据均能按一种公用的和可控制的方式进行。当某个系统中存在结构上完全分开的若干个数据库时，则该系统包含一个"数据库集合"。

4）数据库管理系统
数据库管理系统（DataBase Management System，DBMS）是专门用于管理数据库的计算机系统软件，为数据库提供与其他应用程序的接口。

数据库管理系统的主要功能如下。

（1）数据定义功能（提供数据定义语言 DDL）。

（2）数据操纵功能，包括数据的插入、修改、删除、查询、统计等操作。

（3）数据库的建立和维护功能。

（4）数据库的运行管理功能（是 DBMS 的核心功能）。

5）数据库系统

数据库系统（DataBase System，DBS）是指带有数据库并利用数据库技术进行数据管理的计算机系统。由计算机硬件、数据库、数据库管理系统和应用程序等构成。

6）关系型数据库简介

按照数据模型的不同，数据库可分为层次型、网状型和关系型三种类型。其中关系型数据库是最重要的，是目前应用最为广泛的数据库类型。这种数据库具有数据结构化、最低冗余度、较高的程序与数据独立性、易于扩充、易于编制应用程序的特点。目前，较大的信息系统都是建立在关系型数据库设计之上的。

7）关系型数据库的定义

所谓关系型数据库，是指采用关系模型来组织数据的数据库。关系模型是在 1970 年由 IBM 的研究员 E. F. Codd 博士首先提出的，在之后的几十年中，关系模型的概念得到了充分的发展，并逐渐成为数据库架构的主流模型。简单来说，关系模型指的就是二维表格模型，而一个关系型数据库就是由二维表及其之间的联系组成的一个数据组织。下面列出了关系模型中的常用概念。

（1）关系：可以理解为一张二维表，每个关系都具有一个关系名，就是通常说的表名。

（2）元组：可以理解为二维表中的一行，在数据库中经常被称为记录。

（3）属性：可以理解为二维表中的一列，在数据库中经常被称为字段。

（4）域：属性的取值范围，也就是数据库中某一列的取值范围。

（5）关键字：一组可以唯一标识元组的属性，数据库中常称为主键，由一个或多个列组成。

（6）关系模式：指对关系的描述，其格式为：关系名（属性 1，属性 2，…，属性 N）。在数据库中通常称为表结构。如图 1-1 所示的"教师表"就是一个典型的关系型数据库。

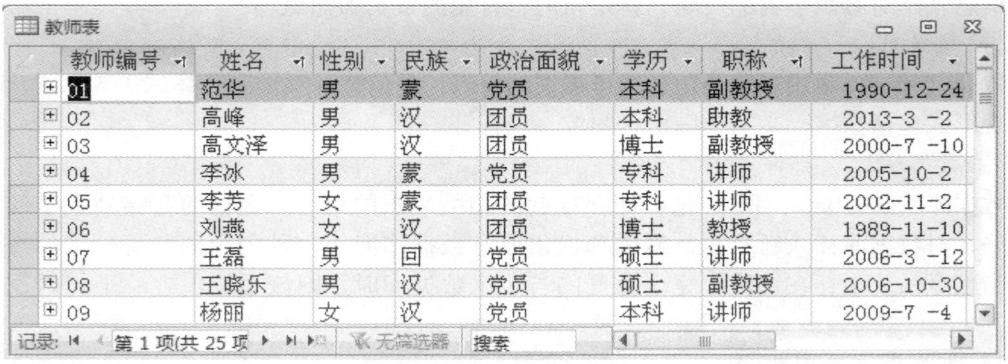

教师编号	姓名	性别	民族	政治面貌	学历	职称	工作时间
01	范华	男	蒙	党员	本科	副教授	1990-12-24
02	高峰	男	汉	团员	本科	助教	2013-3 -2
03	高文泽	男	汉	团员	博士	副教授	2000-7 -10
04	李冰	男	蒙	党员	专科	讲师	2005-10-2
05	李芳	女	蒙	团员	专科	讲师	2002-11-2
06	刘燕	女	汉	团员	博士	教授	1989-11-10
07	王磊	男	回	党员	硕士	讲师	2006-3 -12
08	王晓乐	男	汉	党员	硕士	副教授	2006-10-30
09	杨丽	女	汉	党员	本科	讲师	2009-7 -4

记录：第 1 项(共 25 项)　无筛选器　搜索

图 1-1　关系型数据库

2. Access 2010 介绍

1）Access 2010 概述

Microsoft Office Access（前名 Microsoft Access）是由微软发布的关联式数据库管理系统。它结合了 Microsoft Jet Database Engine 和图形用户界面两项特点，是 Microsoft Office 的成员之一。它具有界面友好、易学易用、开发简单、接口灵活等特点，是典型的新一代桌面数据库管理系统。Access 完善地管理各种数据库对象，具有强大的数据组织、用户管理、安全检查等功能。在一个工作组级别的网络环境中，使用 Access 开发的多用户数据库管理系统具有传统的 xBASE（dBASE、FoxBASE 的统称）数据库系统所无法实现的客户/服务器（Client/Server，C/S）结构和相应的数据库安全机制。

Access 提供了表生成器、查询生成器、宏生成器和报表设计器等多种可视化的操作工具，以及数据库向导、表向导、查询向导、窗体向导和报表向导等多种向导，它还为开发者提供了 Visual Basic for Application（VBA）编程功能。用户不用编写一行代码，就可以在短时间里开发出一个功能强大且相当专业的数据库应用程序，并且这一过程完全是可视的，如果能给它加上一些简短的 VBA 代码，那么开发出的程序就与专业程序员潜心开发的程序一样了。

Access 应用广泛，它不仅可以作为个人的关系数据库管理系统（RDBMS）来使用，而且还可以用在中小型企业和大型公司中，用来管理大型的数据库。例如，创建一个包含所有家庭成员的姓名、电子邮件、爱好、生日、健康状况等信息的数据库；在一个小型企业或者学校中，可以使用 Access 简单而又强大的功能来管理运行业务所需要的数据；大型公司中，能够链接工作站、数据库服务器或者主机上的各种数据库格式；作为大型数据库解析，特别适合于创建客户/服务器应用程序的工作站部分。

2）Access 2010 的特点

（1）用户界面。

Office Access 2010 通过其用户界面、新的导航窗格和选项卡式窗口视图为用户提供全新的体验。即便用户没有数据库经验，也可以跟踪信息并创建报表，从而做出更明智的决策。

（2）使用预制的解决方案快速入门。

通过内容丰富的预制解决方案库，用户可以立即开始跟踪自己的信息。为了方便用户，程序中已经建立了一些表单和报表，用户可以轻松地自定义这些表单和报表以满足业务需求。联系人、问题跟踪、项目跟踪和资产跟踪方案是 Office Access 2010 包含的现成解决方案的一部分。

（3）创建具有相同信息的不同视图的多个报表。

在 Office Access 2010 中创建报表真正能体验到"所见即所得"。用户可以根据实时可视反馈修改报表，并可以针对不同观众保存不同的视图。新的分组窗格以及筛选和排序功能可以帮助显示信息，使用户能做出更明智的业务决策。

（4）可以迅速创建表，而无需担心数据库的复杂性。

借助自动数据类型检测，在 Office Access 2010 中创建表就像处理 Microsoft Office Excel 表格一样容易。输入信息后，Office Access 2010 将识别该信息是日期、货币还是其他常用数据类型。用户甚至可以将整个 Excel 表格粘贴到 Office Access 2010 中，以便利用数据库的强大功能跟踪信息。

（5）使用全新字段类型，实现更丰富的方案。

Office Access 2010 支持附件和多值字段等新的字段类型。可以将任何文档、图像或电子表格附加到应用程序中的任何记录中。使用多值字段，可以在每一个单元格中选择多个值（例如，向多个人分配某项任务）。

（6）直接通过源收集和更新信息。

通过 Office Access 2010，用户可以使用 Microsoft Office InfoPath 2010 或 HTML 创建表单来为数据库收集数据。然后，可通过电子邮件向队友发送此表单，并使用队友的回复填充和更新 Access 表，而无需重新输入任何信息。

（7）通过 Microsoft Windows SharePoint Services 共享信息。

使用 Windows SharePoint Services 和 Office Access 2010 与工作组中的其他成员共享 Access 信息。借助这两种应用程序的强大功能，工作组成员可以直接通过 Web 界面访问和编辑数据以及查看实时报表。

（8）使用 Access 2010 的丰富客户端功能。

通过跟踪 Windows SharePoint Services 列表可将 Access 2010 用作多信息客户端界面，通过 Windows SharePoint Services 列表分析和创建报表。甚至还可以使列表脱机，然后在重新连接到网络时对所有更改进行同步处理，从而让用户可以随时轻松地处理数据。

（9）提高管理能力。

通过对数据库运用 Windows SharePoint Services 技术可以提高数据透明性。这样可以例行地将数据备份到服务器上，恢复删除数据，跟踪修订历史，设置访问权限，从而让用户更好地管理信息。

（10）访问和使用多个数据源中的信息。

通过 Office Access 2010，用户可以将其他 Access 数据库、Excel 电子表格、Windows SharePoint Services 网站、ODBC 数据源、Microsoft SQL Server 数据库和其他数据源中的表链接到自己的数据库。然后，可以使用这些链接的表轻松地创建报表，从而根据更全面的信息来做出决策。

任务 2　认识 Access 2010 的工作界面

任务描述

启动和退出 Access 2010，认识 Access 2010 的工作界面。

任务分析

本任务主要熟悉 Access 2010 的工作界面，熟练启动和退出 Access 2010。

预备知识

1. 开始使用 Microsoft Office Access 工作界面

用户从"开始"菜单或桌面快捷方式启动 Access 2010，将显示"开始使用 Microsoft Office Access"页。此时用户可以创建一个新的空白数据库或者通过模板创建数据库，或者打开最近的数据库（如果之前已经打开某些数据库），如图1-2所示。

此外，还可以直接转到 Microsoft Office Online 网站以了解有关 Microsoft Office Access 2010 的详细信息，也可以单击 Office 按钮，使用菜单打开现有的数据库。

图1-2　"开始使用 Microsoft Office Access"页界面

2. 用户界面

单击"空白数据库"按钮，创建空白数据库，进入 Access 用户界面。Access 2010 采用了一种全新的用户界面，这种界面是 Microsoft 公司重新设计的，相对于旧版本 Access 2000、Access 2003 等，用户界面发生了相当大的变化。这种界面可以帮助用户提高工作效率。

此时，使用默认的文件名"Database1"，单击"创建"按钮，创建一个名字为"Database1"的数据库。一个全新的 Access 2010 界面如图1-3所示。

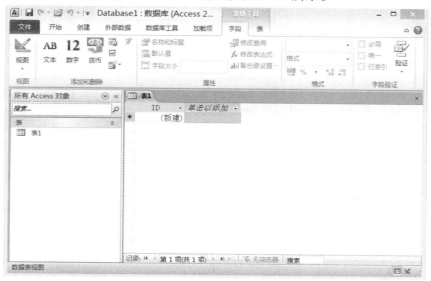

图1-3　名字为 Database1 的数据库

3. 功能区

"功能区"位于程序窗口顶部的位置，以选项卡的形式将各种相关的功能组合在一起。使用 Access 2010 的"功能区"，可以更快地查找相关命令组。同时，使用这种选项卡式的"功能区"，使各种命令的位置与用户界面更加接近，各种功能按钮不再嵌入菜单中，大大方便了用户的使用。

"功能区"有 5 个选项卡，分别为"开始"、"创建"、"外部数据"、"数据库工具"和"数据表"。

另外，当用户用设计视图创建一个对象时，会出现"上下文命令"选项卡。例如，当用户在设计视图中设计一个数据表时，会出现"表工具"下的"设计"选项卡，如图 1-4 所示。

图 1-4   "设计"选项卡界面

用设计视图创建不同对象时，在对象设计工具下会出现不同数量和功能的选项卡。例如，用报表设计视图创建一个报表时，会出现"报表设计工具"下的三个选项卡"设计"、"排列"、"页面设置"。

4. 导航窗格

"导航窗格"区域位于窗口左侧，用以显示当前数据库中的各数据库对象。导航窗格取代了 Access 早期版本中的数据库窗口。单击"导航窗格"上方的小箭头，即可弹出"浏览类别"菜单，可以在该菜单中选择查看对象的方式，如图 1-5 所示。

图 1-5   "浏览类别"菜单界面

5. Office 按钮

Office 按钮位于程序窗口的左上角，单击该按钮后可以打开菜单和列表，如图 1-6 所示。Office 菜单包括"新建"、"打开"、"转换"、"保存"、"另存为"、"打印"、"管理"、"电子邮件"、"发布"、"关闭数据库"等命令，菜单右侧列出了最近使用过的文档。

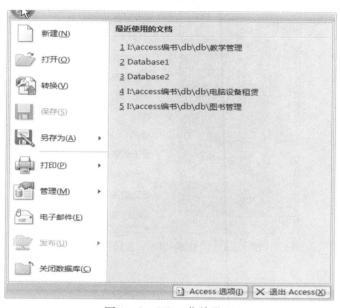

图 1-6 Office 菜单界面

6. "快速访问"工具栏

Office 按钮右侧为快速访问工具栏，默认状态下包括"保存"按钮、"撤销"按钮、"重复"按钮。单击"快速访问"工具栏右边的小箭头，可以弹出"自定义快速访问工具栏"菜单，用户可以在该菜单中设置要在该工具栏中显示的图标，如图 1-7 所示。

7. "Access 帮助"按钮

单击 Access 中的"Access 帮助"按钮，即可弹出"Access 帮助"窗口。在"Access 帮助"窗口中，用户可以单击"浏览 Access 帮助"链接，即可查看详细的帮助类别。

8. Access 2010 的启动和退出

启动 Access 2010 主要有以下三种方法。

方法 1：选择"开始"｜"程序"｜Microsoft Office｜Microsoft Office Access 2010 命令即可成功启动 Access 2010。

方法 2：如果已经在桌面上创建了 Access 2010 的快捷方式图标，直接双击快捷方式图标即可。

方法 3：双击本机中存在的 Access 2010 文件。

要退出 Access 2010，直接单击 Access 窗口右上角的"关闭"按钮即可。

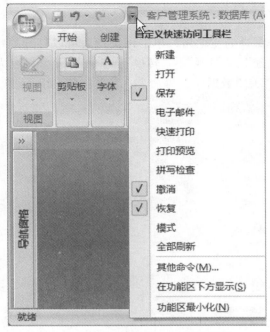

图 1 – 7　"快速访问"工具栏界面

小　结

本任务主要介绍了 Access 2010 的启动和退出、Access 2010 的工作界面以及 Access 2010 的基本功能和基本操作。

任务 3　了解 Access 2010 数据库的 6 大组成对象

任务描述

介绍 Access 2010 数据库的表、查询、窗体、报表、宏和模块 6 大对象，了解 Access 2010 数据库 6 大对象的特点及功能。

任务分析

本任务主要介绍 Access 2010 数据库的表、查询、窗体、报表、宏和模块 6 大对象，Access 2010 数据库 6 大对象的特点及功能。

预备知识

Access 2010 数据库主要由表、查询、窗体、报表、宏和模块 6 大对象组成。

1. 表

表是 Access 2010 数据库最基本的组成对象，它以行和列的方式来记录和存储数据，如

图 1－8 所示。在 Access 2010 数据库中，表是其他的几个对象，如查询、报表等的数据源。

班级表

班级编号	班级名称	专业代码
Gcljs1206	高职工程测量技术1206	540601
Gcsjtyy120	高职城市轨道交通运营管理1	520304
Ggyd1204	高职供用电技术1204	550306
Gjccl1210	高职铁道机车车辆1210	520204
Gjccl1211	高职铁道机车车辆1211	520204
Gjdsb1220	高职机电设备维修与管理12	580301
Gjtyy1216	高职交通运营管理1216	520206
Gjtyy1217	高职交通运营管理1217	520206
Gjzgc1104	高职建筑工程技术1104	560301
Gtdgc1213	高职铁道工程技术1213	520228
Gtxxh1106	高职铁道通信信号1106	520205
*		

图 1－8　Access 2010 数据库的表

虽然不同的表存储的数据不同，但它们都有共同的表结构：字段和记录。表的第一行为标题行，表中除标题行之外的每一行称为一条记录，用来描述一个对象的信息；表的每一列称为一个字段，用来描述对象的一个属性，最上方的标题行显示了字段的名称（必须有字段名称）。

在 Access 2010 中，一个数据库通常由若干个表组成，并且在每个表的数据之间，以及每个表之间都存在联系。

2. 查询

查询也是数据库中应用最多的对象之一，其最常用的功能是从表中检索出特定的数据。查询功能是 Access 2010 数据库软件中最强的一项功能。用户可利用查询工具，通过指定字段、建立计算表达式以及定义每个字段的筛选条件等，对存储在 Access 2010 表中的有关信息进行查询。例如，可以将存储在单个或多个表中的、指定的数据检索出来，并生成一个新的查询表来显示这些数据。在 Access 2010 中有以下几种查询。

- 选择查询
- 参数查询
- 交叉表查询
- 操作查询
- SQL 查询

3. 窗体

窗体是用来处理数据的界面。由于在表中直接输入或修改数据不直观，而且容易出现错误，因此可以专门设计一个窗体，用于输入、修改、显示或查询数据等。

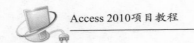

4．报表

报表主要用来预览和打印数据库中的特定数据。报表中大多数信息来自表、查询或 SQL 语句（关于 SQL 语句，将在后续章节中讲述），它们是报表数据的来源。

5．宏

宏是若干个操作的组合，可以使用它来自动完成某些任务。通过触发一个宏可以更为方便地在窗体或报表中操作数据，如它可以执行打开表或窗体、运行查询、运行打印、修改数据结构、修改数据表中的数据、插入记录、删除记录、关闭数据表、运行其他宏、执行菜单命令，以及为打开的窗口规定尺寸等操作。当数据库中有大量重复性的工作需要处理时，使用宏是最佳的选择。

宏没有具体的实体显示，只有一系列操作的记录，所以宏只能显示它本身的设计视图。

6．模块

模块是用 Access 2010 提供的 VBA 语言编写的程序段。VBA（Visual Basic for Applications）语言是 Microsoft Visual Basic 的一个子集。

模块分为类模块和标准模块。窗体和报表模块都是类模块，而且它们各自与某一窗体或报表相关联。窗体和报表模块通常都含有事件过程，该过程用于响应窗体或报表中的事件，例如用鼠标单击某个命令按钮。标准模块包含通用过程和常用过程，通用过程不与任何对象相关联，通用过程可以在数据库中的任何位置运行。

7．数据库对象间的关系

Access 2010 数据库的对象之间是相互关联的，例如，一个查询可以同时与多个表相关联。查看数据库对象间关系的方法是：在 Access 2010 操作界面中，选中某一表，然后切换到"数据库工具"选项卡，单击"显示/隐藏"组中的"对象相关性"按钮，将在右侧打开对象相关性对话框，将此对话框中的"＋"号全部展开后，就可以预览所有的关系了。

通常查询、窗体、报表、宏和模块对象都与表对象相互关联，报表、宏和模块可与窗体相互关联，当然，主载体还是表，因此删除表时一定要注意查看一下关系，以免影响其他对象的功能。

小　结

本任务主要介绍了 Access 2010 数据库的表、查询、窗体、报表、宏和模块 6 大对象以及 6 大对象的特点及功能。

任务 4　创建一个名称为"教学管理"的 Access 2010 数据库

任务描述

创建一个名称为"教学管理"的 Access 2010 数据库；打开和关闭数据库。

任务分析

启动 Access 2010，创建一个 Access 2010 数据库，并对创建的数据库进行打开和关闭操作。

任务实施

1. 创建 Access 2010 空数据库

步骤 1. 在"开始使用 Microsoft Office Access"界面中选择"空白数据库"选项，然后在右侧"空白数据库"区域中输入数据库的名称为"教学管理"，单击右侧 📁 按钮设置数据库的存放位置，如图 1-9 所示。

图 1-9　创建名为教学管理的 Access 2010 数据库

步骤 2. 单击"创建"按钮，进入 Access 2010 主界面，可以看到界面中已经创建了一个名称为"教学管理"的数据库，如图 1-10 所示。

2. 利用模板创建数据库

步骤 1. 在"开始使用 Microsoft Office Access"界面左侧"模板类型"区域中选择"本地模板"选项，然后在中间"本地模板"列表区域中选择一个模板，例如"罗斯文 2010"，在界面右侧的"文件名"文本框中，可以更改数据库的名称，例如将名称改为"企业经营"，然后单击 📁 按钮设置数据库的存放位置。

步骤 2. 然后单击"创建"按钮，弹出"正在准备模板"提示信息。

步骤 3. 模板准备完成，系统弹出登录对话框，在此对话框中单击"登录"按钮，进入用模板创建的数据库主界面，在此就可以根据自己的实际需要来更改模板提供的数据表、窗体、模板、宏等。

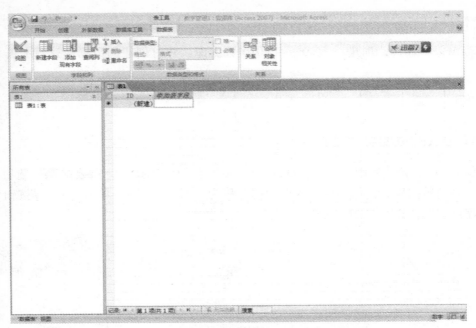

图 1 – 10　已创建教学管理的数据库

步骤 4．如果想要创建在 Windows SharePoint Services 网站上共享的数据库，可以在"开始使用 Microsoft Office Access"界面上创建数据库时，选中"创建数据库并将其链接到 Windows SharePoint Services 网站"复选框。然后单击"创建"按钮，弹出"在 SharePoint 网站上创建"对话框，在"您要想使用哪个 SharePoint 网站？"文本框中输入 SharePoint 网站的名称，输入完成后单击"下一步"按钮，然后按照提示信息，一步一步完成网络数据库的创建过程。

3．打开和关闭数据库

步骤 1．要打开已存在的数据库进行操作，在如图 1 – 11 所示的 Office 按钮列表中选择"打开"项，或按 Ctrl + O 组合键。

步骤 2．弹出"打开"对话框，在该对话框中选择要打开的数据库，然后单击"打开"按钮，即可打开选中的数据库。

步骤 3．当对 Access 2010 数据库的操作结束后，若要关闭数据库，可单击 Office 按钮，从弹出的列表中选择"关闭数据库"选项，如图 1 – 11 所示，此时将回到 Access 2010 开始页。

若希望直接退出 Access 2010 程序，则可单击 Access 2010 程序右上角的"关闭"按钮，或在如图 1 – 11 所示的 Office 按钮列表中单击"退出 Access"按钮。

小　结

本任务主要介绍了如何利用"空白数据库"和"模板"创建 Access 2010 数据库以及打开和关闭数据库的方法。

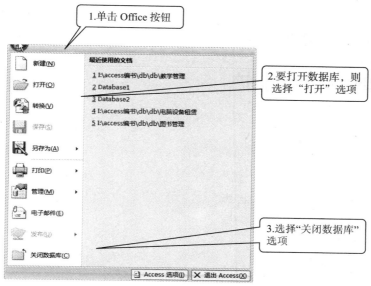

图 1 - 11   Office 按钮列表

实　　训

1．创建空数据库并将建好的数据库文件保存在"D：\ 实验1"文件夹中。

要求：

（1）建立"教学管理.accdb"数据库。

（2）建立"计算机设备租赁"数据库。

2．使用模板创建 Web 数据库。

要求：利用模板创建"联系人 Web 数据库.accdb"数据库，保存在"E：\ 实验1"文件夹中。

3．打开数据库。

要求：

（1）打开"教学管理.accdb"数据库。

（2）打开"计算机设备租赁"数据库。

4．关闭数据库。

要求：关闭打开的"教学管理.accdb"数据库和"计算机设备租赁"数据库。

思考与练习

1．Access 2010 数据库的数据库对象有几种？分别是什么？

2．什么是数据库？什么是数据库管理系统？

3．简述创建数据库的两种方法。

项目 2

数据表的创建与维护

● 学 习 目 标 ▰▰▰▰▰▰▰▰

✣ 数据表的创建和修改
✣ 数据表中字段的数据类型、属性
✣ 主键和索引
✣ 表之间的关系
✣ 数据的查找和替换
✣ 数据的排序和筛选
✣ 调整表的外观
✣ 导入和导出数据

表是 Access 数据库中最基本的对象，是数据库所有其他对象的数据源。因此在设计数据库时，应首先规划并创建好需要的表。本项目中，将通过为"教学管理"数据库设计表，来学习创建表、设置字段属性、设置表关系、对表和表中记录进行维护等的方法。

任务 1　创建数据表

任务描述

在"教学管理"数据库中，创建"学生表"、"成绩表"和"教工信息表"。

任务分析

使用"表设计器"是最常用的创建表的方法，使用该方法可以详细设置每个字段属性。对于字段比较少而且不用设置复杂属性，或者只为了临时存储一些数据的小表，可以通过直接输入字段名和相关记录来创建表。在 Access 系统中预置了许多示例表，可作为创建各种数据表的模板。对于一些常用的表，例如联系人表、资产表等，可利用这些表模板进行创建，以提高工作效率。下面分别用这三种方法创建表。

（1）直接输入数据创建"成绩表"。

（2）使用表设计器创建"学生表"。

（3）利用模板创建"教工信息表"。

任务实施

任务 1-1　直接输入数据创建"成绩表"

首先要分析成绩表中需要设计的字段和类型，成绩表的结构见表 2-1。

表 2-1　成绩表的结构

字段名称	数据类型
学号	文本
课程号	文本
成绩	数字

步骤 1. 打开"教学管理"数据库，切换到"创建"选项卡，单击"表格"组中的"表"按钮，如图 2-1 所示，可以创建一个新的空白表，并进入该表的数据表视图，如图 2-2 所示。

图 2-1　单击"表"按钮

图 2-2　创建一个空白表

步骤 2. 单击"单击以添加"列标题，在下拉列表中选择字段的"数据类型"，即选择"文本"，如图 2-3 所示，选中字段类型后，将添加一列"字段 1"，将"字段 1"修改为"学号"字段，按回车键，完成字段的添加，如图 2-4 所示。

图 2-3　数据类型列表

图 2-4　设置字段名

步骤 3.　用同样的方法添加字段"课程号"（文本）和"成绩"（数字）。

步骤 4.　定义好表的结构后，可单击字段下方的单元格，输入记录（也可在后面输入），如图 2-5 所示。

ID	学号	课程号	成绩	单
1	201121060679	001	72	
2	201122020920	001	60	
3	201122024009	001	19	
4	201221040440	001	74	
5	201121060679	002	80	
6	201122020920	002	80	
7	201122024009	002	56	
8	201122861326	002	49	
*	（新建）			

图 2-5　输入表数据

步骤 5.　单击"表1"窗口的"关闭"按钮，在弹出的"另存为"对话框中输入"成绩表"，如图 2-6 所示。也可以在左侧导航窗格中的"表1"上单击鼠标右键，从快捷菜单中选择"重命名"命令。此时"成绩表"将显示在 Access 窗口左侧的导航窗格中，如图 2-7 所示。

图 2-6　"另存为"对话框

图 2-7　导航空格

任务 1-2　使用表设计器创建"学生表"

首先分析需要设计的字段和类型，学生表的表结构见表 2-2。

表 2 - 2　学生表的结构

字段名称	数据类型	字段名称	数据类型
学号	文本	地址	文本
姓名	文本	入学成绩	数字
性别	文本	照片	OLE 对象
民族	文本	籍贯	文本
出生日期	日期/时间	简历	备注
政治面貌	文本	班级编号	文本

步骤 1. 切换到 "创建" 选项卡，单击 "表格" 组中的 "表设计" 按钮，如图 2 - 1 所示。

步骤 2. 打开表设计器界面，单击 "字段名称" 列的第一行，在其中输入 "学号"；单击该行的 "数据类型" 列，从下拉列表中选择 "文本"（系统默认选择 "文本" 类型），如图 2 - 8 所示。

步骤 3. 依据表 2 - 2 所列的字段名称及其数据类型，并按照所列顺序，重复上面的步骤，分别定义其他字段。在设计视图中完成的 "学生表" 结构如图 2 - 9 所示。

图 2 - 8　添加字段

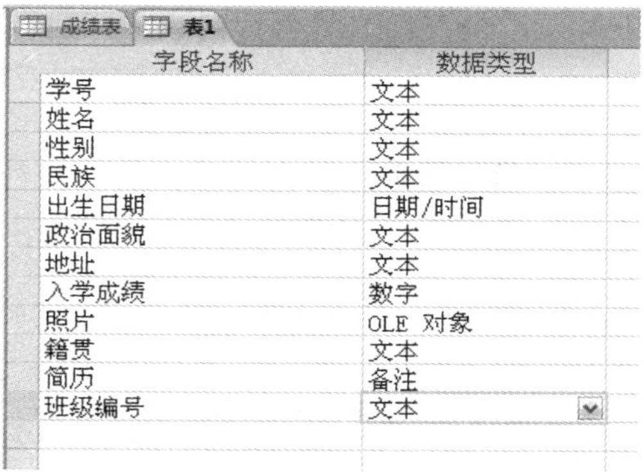

图 2 - 9　学生表的表结构

步骤4. 单击"快速访问工具栏"上的"保存"按钮,将所创建的表命名为"学生表",然后单击"确定"按钮。

步骤5. 这时会弹出如图2－10所示的对话框,提示是否定义主键,本例单击"否"按钮,暂时不设置主键(关于主键的概念及设置方法,将在后面章节中详细介绍),完成表的保存操作。

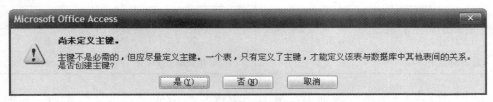

图2－10　设置主键提示框

步骤6. 如果此时不需要在表中添加记录,可单击右上角的"关闭"按钮关闭表,否则单击"表工具"｜"设计"选项卡"视图"组中"视图"按钮下的三角按钮,在弹出的下拉列表中选择"表视图",切换到表的数据表视图,然后在表中输入学生的记录,如图2－11所示。最后再次保存该表并关闭即可。

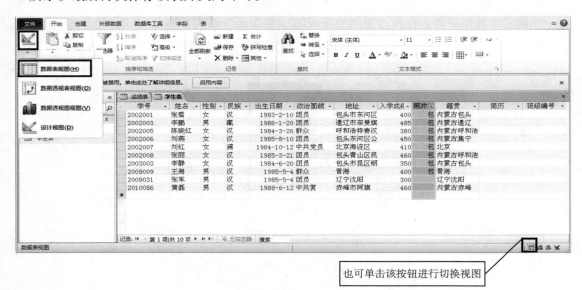

也可单击该按钮进行切换视图

图2－11　往学生表中添加记录

任务1－3　利用模板创建"教工信息表"

步骤1. 在"创建"选项卡中,单击"模板"组中的"应用程序部件"按钮,在弹出的列表中选择"联系人",如图2－12所示。

步骤2. 此时弹出"创建关系"对话框,选择"不存在关系"单选按钮,单击"创建"按钮,如图2－13所示。

步骤3. 这样就创建了一个"联系人"表,进入数据表视图输入记录。

步骤4. 在左侧窗格中,右击"联系人"表,重命名为"教师表",单击标题栏左侧的"保存"按钮进行保存。

图 2 - 12　选择表模板

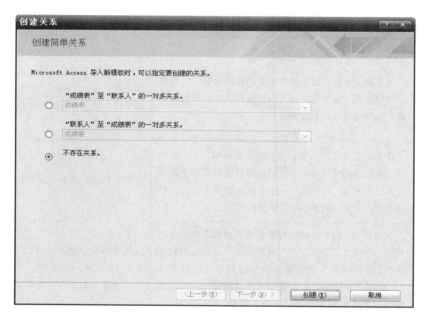

图 2 - 13　创建关系

> **小提示**　OLE 对象类型数据的输入，是在字段中单击鼠标右键，再单击"插入对象"命令，然后使用"插入对象"对话框定位对象并将其添加到该字段中。

小　结

在表设计器中，"字段名称"中的字段就是表中的每一列字段的名称。在这个操作界面上有多少个字段名称，表中就有多少个字段。字段后边的"数据类型"用来设置此字段所存放的数据类型。例如，若将数据类型设置为"数字"，则在此字段中就不能输入文本。字段的数据类型除了可以在"数据类型"下拉列表中进行选择外，在下面的"常规"选项卡中还可以做进一步设置。关于字段类型的意义和详细设置方法，将在后面章节中专门进行叙述。

无论使用哪一种方法来创建表结构，用户都可以在设计视图中重新定义和修改表结构，如增加和删除字段，以及设置或改变字段的数据类型和属性等。需要说明的是，Access 的表可以在两种不同的视图中打开，通常是在"设计视图"中创建或修改表结构，而在"数据表视图"中输入或者查看表的记录数据。在数据库窗口中以某种视图方式打开一个表之后，可以通过单击主窗口工具栏左端的"视图"按钮切换到另一种视图。

知识链接

1. Access 2010 中的数据类型

在 Access 2010 数据库中主要有 10 种可用的字段数据类型：文本、备注、数字、时间、货币、自动编号、是/否、OLE 对象、超级链接和附件。数据类型的使用方法见表 2 - 3。

表 2 - 3 Access 常用数据类型

数据类型	用法	大小
文本	可存储由文本或数字字符组成的数据组合，也可以存储如名称、地址和任何不需计算的数字，如电话号码、部件编号或者邮政编码	允许最大 255 个字符或数字，Access 默认的大小是 50 个字符，而且系统只保存输入到字段中的字符，而不保存文本字段中未用位置上的空字符
备注	长文本及数字，例如备注、简历或说明。Access 不能对备注字段进行排序或索引，却可以对文本字段进行排序和索引。在备注字段中虽然可以搜索文本，但却不如在有索引的文本字段中搜索得快	能够存储长达 64 000 个字符的内容
数字	该类型可以用来存储进行算术计算的数字数据，用户还可以设置"字段大小"属性定义一个特定的数字类型，任何指定为数字数据类型的数字可以设置成"字节"、"整数"、"长整数"、"单精度数"、"双精度数"、"同步复制 ID" 和 "小数" 类型	在 Access 中通常默认为"双精度数"。长度为 1B, 2B, 4B 或 8B。16B 长的数字仅用于"同步复制 ID"（GUID）
日期/时间	用来存储日期、时间	每个日期/时间字段需要 8B 存储空间
货币	等价于具有双精度属性的数字字段类型。向货币字段输入数据时，不必输入人民币符号和千位处的逗号，Access 会自动显示人民币符号和逗号，并添加两位小数到货币字段。当小数部分多于两位时，Access 会对数据进行四舍五入。精确度为小数点左方 15 位数及右方 4 位数	8B

续表

数据类型	用法	大小
自动编号	这种类型较为特殊，每次向表格添加新记录时，Access 会自动插入唯一顺序或者随机编号，即在自动编号字段中指定某一数值。自动编号一旦被指定，就会永久地与记录连接。如果删除了表格中含有自动编号字段的一个记录后，Access 并不会为表格自动编号字段重新编号	4B。16B 长的数字仅用于"同步复制 ID"（GUID）
是/否	这种字段是针对于某一字段中只包含两个不同的可选值而设立的字段，通过是/否数据类型的格式特性，用户可以对是/否字段进行选择	1B
OLE 对象	这个字段是指字段允许单独地"链接"或"嵌入"OLE 对象。添加数据到 OLE 对象字段时，可以链接或嵌入 Access 表中的 OLE 对象是指其他使用 OLE 协议程序创建的对象，例如 Word 文档、Excel 电子表格、图像、声音或其他二进制数据	OLE 对象字段最大可为 1GB，它主要受磁盘空间限制
超链接	主要是用来保存超级链接的，包含作为超级链接地址的文本或以文本形式存储的字符与数字的组合。当单击一个超级链接时，Web 浏览器或 Access 将根据超级链接地址到达指定的目标。超级链接最多可包含三部分：一是在字段或控件中显示的文本；二是到文件或页面的路径；三是在文件或页面中的地址。在这个字段或控件中插入超级链接地址最简单的方法就是在"插入"菜单中单击"超级链接"命令	最多 64 000 个字符
查阅向导	创建允许用户使用组合框，选择来自其他表或来自值列表中的值的字段。在数据类型列表中选择此选项，将启动向导进行定义	与主键字段的长度相同，且该字段也是"查阅"字段。通常为 4B
附件	通常用附件字段代替 OLE 对象字段。可以将多个文件存储在单个字段之中，也可以将多种类型的文件存储在单个字段之中	最多可以附加 2GB 的数据（Access 数据库的最大大小）。单个文件的大小不得超过 256MB

2. 数据类型的选择

对于某些数据而言，可以使用多种数据类型存放，例如，电话号码既可以使用文本，也可使用数值存放。那么，究竟该为字段选择哪一种数据类型呢？对于表中的数据，可以从以下方面考虑字段应该使用的数据类型。

（1）在字段中允许什么类型的值。例如，不能在 Number 数据类型的字段中保存文本数据。

（2）要用多少存储空间来保存字段中的值。

（3）要对字段中的值执行什么类型的运算。例如，Access 能够将数字或货币字段中的值求和，但不能对文本或 OLE 对象字段中的值进行此类操作。

（4）是否需要排序或索引字段。OLE 对象字段中的值不能排序或索引。

（5）是否需要在查询或报表中使用字段对记录进行分组。OLE 对象字段不能用于分组记录。

（6）如何排序字段中的值。在文本字段中，将数字以字符串的形式来进行排序（如 1，10，100，2，20，200 等），而不是作为数值来进行排序。使用数字或货币字段，按照数值排序数字。如果将日期数据输入到文本字段中，则不能正确地排序。使用"日期/时间"字段可确保正确地排序日期。

任务 2　修改表结构

任务描述

利用数据表视图修改"教工信息"表。要求如下：

➢ 将"姓氏"字段重命名为"姓名"
➢ 删除"公司"字段
➢ 插入"性别"字段
➢ 删除不需要的记录

任务分析

前面介绍的通过直接输入数据及使用模板创建表，其实都是在数据表视图中进行的。在创建表的过程中，或在创建好表后，还可利用该视图中的各种表工具来编辑表，如新建字段、查阅列、重命名字段、设置字段的数据类型和添加记录等。

任务实施

步骤 1．打开"教工信息"表。在导航窗格中双击要修改的"教工信息"表，此时将自动进入数据表视图，如图 2－14 所示。

步骤 2．重命名字段。右击要重命名的字段，如"ID"，然后单击"重命名字段"选项，如图 2－15 所示（也可直接双击字段名进入修改状态），此时即可重新输入字段名称，按回车键即可。

步骤 3．删除字段。单击选中要删除的一个字段，然后单击"表格工具" | "字段"选项卡"添加和删除"组中的"删除"按钮，如将"公司"字段删除，如图 2－16 所示。

图 2 – 14 "教工信息表"的数据表视图

图 2 – 15 重命名字段

图 2 – 16 删除字段

小提示 要设置字段的数据类型和格式,可单击选中要设置的字段,然后在"表格工具" | "字段"选项卡"格式"组中进行选择,如图 2 – 17 所示。

步骤 4. 添加"性别"字段。先选中"职务"字段,然后单击"表格工具" | "字段"选项卡"添加和删除"组的"字段类型"按钮,选择插入的字段的类型,如"文本",最后修改字段名为"性别",如图 2 – 18 所示。

也可以在设计视图中添加或删除字段,例如,打开"教学管理"数据库中"学生表"后,单击功能区最左侧的"视图"按钮,从弹出的列表中选择"设计视图"选项,即可进入表的设计视图,如图 2 – 19 所示。选中某字段,利用"设计"选项卡中的"插入行"按钮,可在所选字段上方插入一新字段,利用"删除行"按钮可删除所选字段。

图2-17 格式组

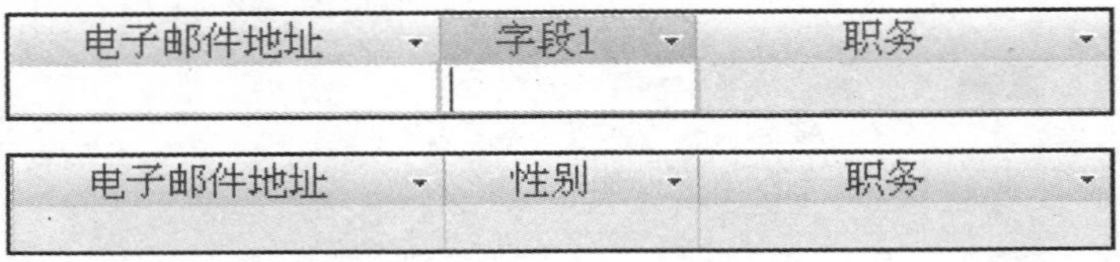

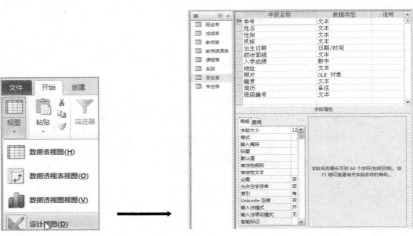

图2-18 插入新字段

图2-19 学生表的设计视图

步骤5. 删除不需要的记录。可单击记录表左侧的行标选中要删除的记录（单击并拖动鼠标可选中多条相邻的记录），然后单击"开始"选项卡"记录"组中的"删除"按钮。要对整个表进行删除、重命名和复制等操作，可在导航窗格中右击选择要操作的表，从弹出的快捷菜单中选择相应的命令，如图2-20所示。

图2-20 导航窗格右键菜单

小　结

在数据表中可以随时插入一个新字段，也可以删除不需要的字段。若字段名不合适或者错误，则可以重命名字段。对表中不需要的记录可以进行删除操作，记录删除后不能恢复，所以删除记录时要谨慎。

任务 3　在"教师授课表"中插入其他表中的字段

任务描述

在"教师授课表"的"教师编号"右侧添加"班级表"中的"班级名称"字段。

任务分析

使用"查阅向导"可以在所编辑的表中插入其他表中的字段，并引用该字段中的记录。

任务实施

步骤 1. 双击打开导航窗格中的"教师授课表"，选中"教师编号"字段，然后切换到"表格工具"｜"字段"选项卡，单击"添加和删除"组中的"其他字段"按钮，从下拉列表中选择"查阅和关系"命令，如图 2 – 21 所示。

图 2 – 21　查阅和关系

步骤 2. 打开"查阅向导"对话框，按照如下步骤进行设置：

（1）在对话框中，选择"使用查阅字段获取其他表或查询中的值"选项，如图 2 – 22 所示。

（2）单击"下一步"按钮，进入如图 2 – 23 所示的界面，从列表框中选择"班级表"。

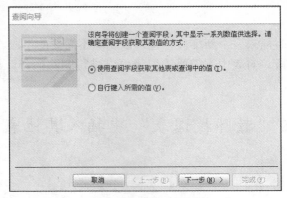

图2-22　查阅向导对话框第一步

图2-23　查询向导之选择表或查询

（3）单击"下一步"按钮，进入如图2-24所示的界面，将"班级名称"字段从"可用字段"列表中移到"选定字段"列表中。

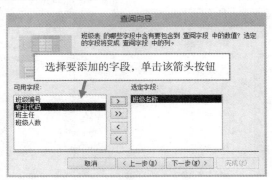

图2-24　选择字段

（4）单击"下一步"按钮，进入如图2-25所示的界面，设置排序依据为"班级名称"。

（5）单击"下一步"按钮，进入如图2-26所示的界面，设置查阅字段中列的宽度。

（6）单击"下一步"按钮，进入如图2-27所示的界面，在文本框中输入查阅字段的标签，单击"完成"按钮，即可在"教师编号"右侧添加"班级表"中的"班级名称"字段。

图 2 - 25 选择排序字段

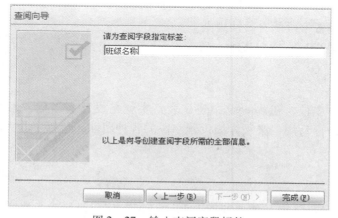

图 2 - 26 设置查阅字段列的宽度

图 2 - 27 输入查阅字段标签

步骤 3. 添加后的字段自动引用了原字段中的记录，用户可从相应的下拉列表中选择需要的记录（不能手动输入记录），如图 2－28 所示。也就是说，这两个表通过添加字段自动建立了关系（关于表关系，后续任务中将详细叙述）。

授课II ▾	教师编号	班级名称 ▾	课程编号 ▾	学年 ▾	学期 ▾
1	01		001	2012-2013	1
2	01	高职城市轨道交通运营管理		2012-2013	
3	02	高职工程测量技术1206		2011-2012	2
4	03	高职供用电技术1204		2012-2013	2
5	03	高职机电设备维修与管理12		2012-2013	2
6	06	高职建筑工程技术1104		2012-2013	1
7	06	高职交通运营管理1216		2012-2013	1
8	04	高职交通运营管理1217		2011-2012	2
9	04	高职铁道工程技术1213		2012-2013	1
10	05	高职铁道机车车辆1210		2012-2013	2
11	08	高职铁道机车车辆1211		2012-2013	2
12	09	高职铁道通信信号1106	015	2011-2012	1
13	10		015	2011-2012	1
14	10		015	2011-2012	1

图 2-28　选择字段的值

小　结

本任务中，主要介绍了如何使用"查阅和关系"建立两个表之间的关系，并且将一个数据表中的字段值添加到另一个表中指定字段的下拉列表中，用户直接从列表中选择字段值，不需要输入。

任务4　字段属性的设置

任务描述

➤ 在"计算机设备租赁"数据库中为"租赁表"设置字段的输入格式
➤ 为教师表"民族"和"学历"字段设置默认值
➤ 在学生表中设置字段的有效性规则
➤ 为成绩表的"学号"字段添加查阅列表

任务分析

字段是表的基本单位，在 Access 中建立表其实就是设计表结构，也就是添加和设置字段。为了使表更加严谨易用，必须详细设置字段的各种属性，包括字段大小、格式、输入掩码和有效性规则等。

任务实施

任务4-1　为"租赁表"的"租期"和"还期"字段设置输入格式

用户在表格中输入数据时，为了避免出现错误，有可能需要对输入的内容进行限制，比如会要求在输入邮编时，不能输入字母和汉字，而且位数不能输入错误。为了实现这些功能，需要设置字段的"输入掩码"属性。设置"输入掩码"有两种操作格式：使用向导和通过直接输入格式符号进行定义。

（1）使用向导为"租期"字段和"还期"字段设置掩码。

步骤1．在"计算机设备租赁"数据库中，创建"客户表"、"设备表"和"租赁表"，表结构见表2－4～表2－6。

表2－4　"客户表"的结构

字段名称	数据类型	字段大小
编号	自动编号	
客户ID	文本	6
姓名	文本	6
性别	文本	2
地址	文本	20
电话	文本	12

表2－5　"设备表"的结构

字段名称	数据类型	字段大小
编号	自动编号	
设备ID	文本	4
类别	文本	
设备名称	文本	20
单价	货币	
押金	数字	长整型
日租金	数字	双精度型

表2－6　"租赁表"的结构

字段名称	数据类型	字段大小
编号	自动编号	
设备ID	文本	4
客户ID	文本	6
租期	日期/时间	
还期	日期/时间	

步骤2．在"计算机设备租赁"数据库中，打开"租赁表"的设计视图，选择"租期"字段，选中下面"常规"选项卡中的"输入掩码"文本框，单击"输入掩码"文本框右侧的"打开对话框"按钮，如图2－29所示，打开"输入掩码向导"对话框，如图2－30所示。

步骤3．在"输入掩码向导"对话框的"输入掩码"列表中，选择"长日期（中文）"项，然后单击"下一步"按钮。

步骤4．在显示的自定义掩码界面中，"输入掩码"保持系统默认，占位符选择"@"（关于"输入掩码"和"占位符"，请看后面内容），单击"下一步"按钮，如图2－31所示。

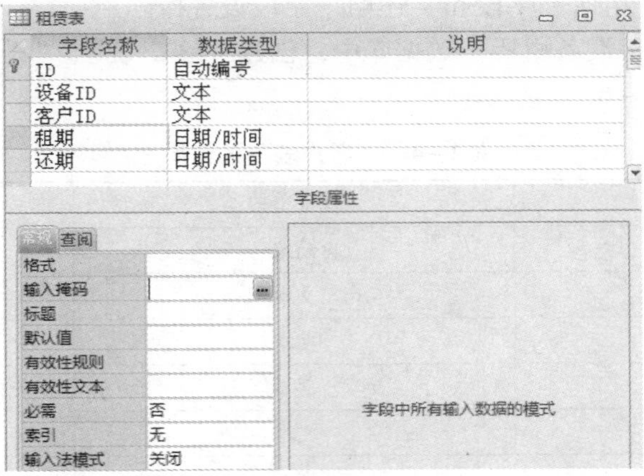

图 2－29　租赁表的设计窗口

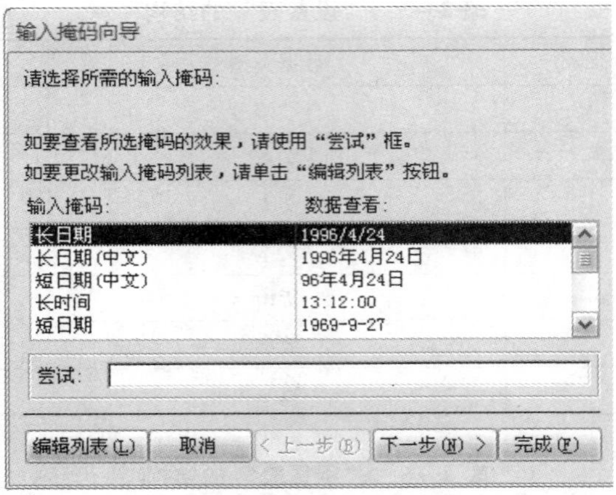

图 2－30　“输入掩码向导”对话框

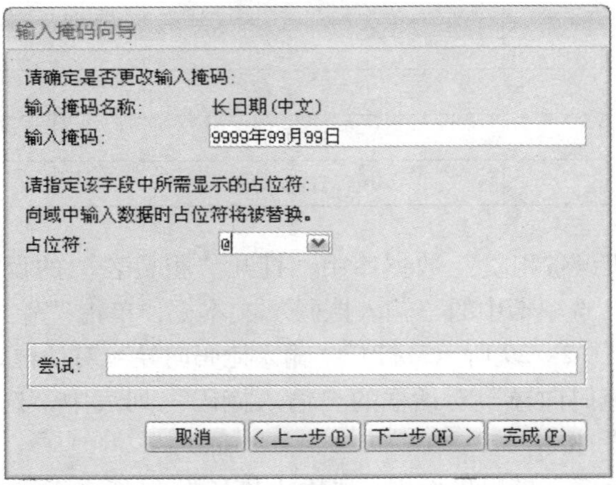

图 2－31　选择占位符

步骤 5．单击"完成"按钮，完成输入掩码的设置，如图 2－32 所示。

图 2－32　选择掩码保存方式

步骤 6．关闭"租赁表"，在弹出的提示对话框中单击"是"按钮，保存所做的设置，如图 2－33 所示，即可保证在新建的字段"租期"中输入长日期中文格式的日期时间。

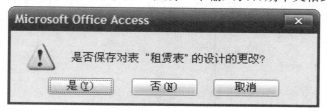

图 2－33　单击"是"按钮

步骤 7．参照以上方法，为"租赁表"中的"还期"字段设置"短日期（中文）"的输入掩码类型，占位符选择"＄"符号。

使用上述步骤设置了输入掩码后，此时再打开"租赁表"的数据表视图，如图 2－34 所示，在此窗口中，单击"租期"列的新记录，将会见到 10 位输入掩码"＠＠＠＠年＠＠月＠＠"，此时输入新的数据，掩码将会被替代，而且此列只能输入 8 位占位符的数字。单击"还期"列的新记录，将会见到 10 位输入掩码"＄＄年＄＄月＄＄"，其他同理。

编号	设备ID	客户ID	租期	还期
1	c812	kh0402	2012-1-15	2012-1-20
2	h320	kh0201	2012-3-22	2012-3-28
3	E430	kh0102	2012-7-1	2012-8-1
4	1350	kh0402	2011-10-20	2011-10-27
5	h320	kh0202	2013-2-3	2013-2-15
6	c812	kh0201	2012-8-16	2012-8-30
7	R720	kh0303	2012-1-3	2012-1-7
8	v480	kh0303	2013-1-3	2012-1-10
9	s2161	kh0104	2013-3-10	2013-3-17
10	E5800	kh0401	2013-4-18	2013-4-28
11	M4330	kh0301	2013-2-3	2013-2-23
12	hp1020	kh0202	2013-1-1	2013-1-10
13	M4330	kh0202	2013-1-1	2013-1-10
14	x3650	kh0102	2012-12-22	2012-12-28
*	（新建）		＠＠＠＠年＠＠月＠＠日	

图 2－34　租赁表的数据输入窗口

（2）通过直接输入格式符号设置输入掩码。

输入掩码可以确保数据符合自定义的格式，并且可以指定允许输入的数值类型。输入掩码主要用于文本型和日期/时间型字段，但也可以用于数字型或货币型字段。使用格式符号自定义"输入掩码"可以更灵活、方便地定义段的输入格式。比如可以在"输入掩码"对话框中输入密码，用户输入的所有字符就可以被"＊"所掩盖。输入掩码的示例见表2-7。

表2-7　输入掩码的设置示例

输入数据时的样式	输入掩码	实际存入字段的数据
（0470）5933515	\（0000\）00000000	04705933515
F101	L000	F101
qwerty	??????	qwerty

任务4-2　为教师表的"民族"和"学历"字段设置默认值

步骤1. 打开"教学管理"数据库"教师表"的设计视图，选择"民族"字段，然后在下面"常规"选项卡的"默认值"文本框中输入"汉"，保存所做的修改，如图2-35所示。

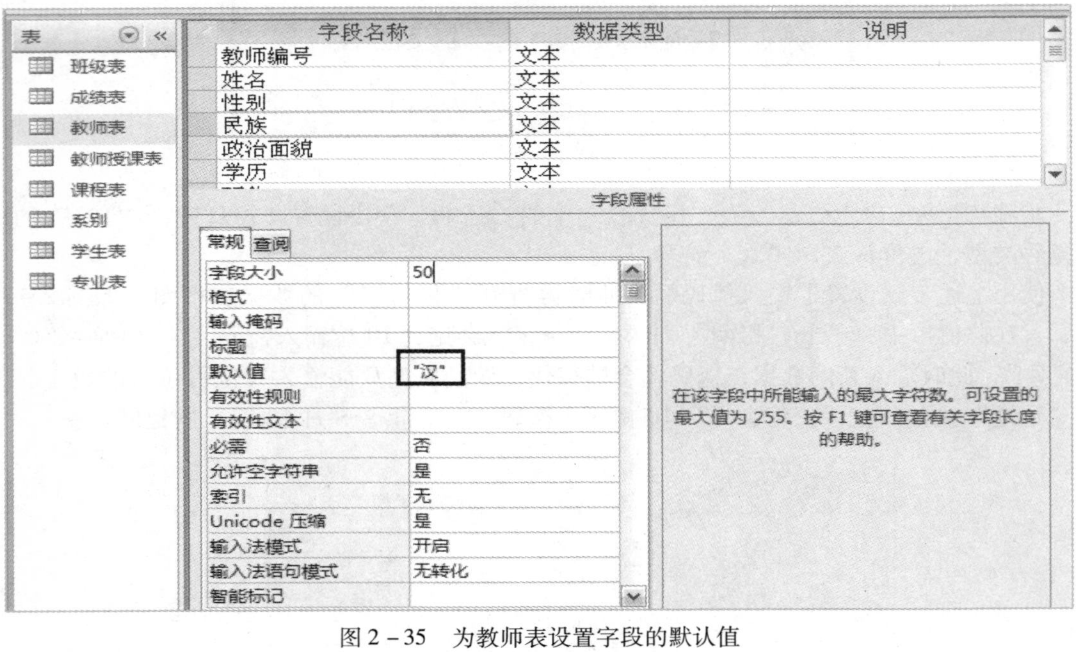

图2-35　为教师表设置字段的默认值

步骤2. 打开教师表的数据表视图后，会见到在新记录行的"民族"字段的值填上了"汉"族，如图2-36所示。

步骤3. 以相同方法，将教师表的"学历"字段默认值设置为"硕士"，那么在打开教师表的数据表视图后，会见到在新记录行的"学历"上自动填上了"硕士"学历。

教师编 ▾	姓名 ▾	性别 ▾	民族 ▾	政治面 ▾	学 ▾	职称 ▾	工作时间 ▾	系别
01	范华	女	蒙	党员	本科	高级讲师	1990-12-24	02
02	高峰	男	汉	团员	本科	助理讲师	1991-3 -2	03
03	高文泽	男	汉	团员	博士	副教授	2000-7 -10	03
04	李冰	男	蒙	党员	专科	中级讲师	1992-10-2	04
05	李芳	女	蒙	团员	专科	中级讲师	2002-11-2	05
06	刘燕	女	汉	团员	博士	教授	1989-11-10	01
07	王磊	男	回	党员	硕士	中级讲师	2006-3 -12	05
08	王晓乐	男	汉	党员	硕士	副教授	2010-10-30	01
09	杨丽	女	汉	党员	本科	中级讲师	2009-7 -4	06
10	杨丽	女	汉	党员	本科	教授	1989-3 -10	04
11	张强	男	回	党员	硕士	副教授	1982-9 -16	02
12	赵华	男	汉	党员	专科	中级讲师	1980-2 -10	02
13	赵凯丽	女	汉	团员	本科	助理讲师	2010-8 -2	06
14	周洁	女	汉	党员	本科	高级讲师	2010-5 -10	01
15	周涛	男	满	团员	硕士	中级讲师	1888-10-12	03

图2-36　设置字段的默认值的结果演示

> **小提示**　默认值可以是一个常数值或表达式。常数值不会改变，表达式一般可以根据条件的变化而改变。除了自己填写外，还可以通过单击"默认值"右侧的 ⋯ 按钮，打开"表达式编辑"对表达式进行设置。

任务4-3　为学生表的"性别"字段和"入学成绩"字段设置有效性规则

"性别"字段中，就应当只能输入"男"或"女"而不能输入其他数据，应该怎样设置才能实现此功能呢？可以通过设置字段的"有效性规则"属性来实现。

步骤1. 打开"教学管理"数据库"学生表"的设计视图，选择"性别"字段，然后在下面的"常规"选项卡"有效性规则"文本框中输入:"男"Or"女"，在"有效性文本"文本框中输入：请输入"男"or"女"，如图2-37所示。

字段名称	数据类型
学号	文本
姓名	文本
性别	文本
民族	文本
出生日期	日期/时间
政治面貌	文本
入学成绩	数字
地址	文本
照片	OLE 对象
籍贯	文本
简历	备注
班级编号	文本

字段属性

常规　查阅

字段大小	50
格式	
输入掩码	
标题	
默认值	"男"
有效性规则	"男" Or "女"
有效性文本	请输入"男"or"女"
必需	否
允许空字符串	是
索引	无

图2-37　设置字段的有效性规则

步骤2. 保存对该表所做的修改。

如果表中已经输入了记录，当单击右上角的"关闭"按钮时，会弹出"保存"提示框，如果选择"是"，则添加字段的有效性规则之后会弹出如图2-38所示的对话框，提示添加的有效性规则可能对已有的数据无效，是否用新规则来对现有的记录进行测试，单击"是"按钮进行测试，单击"否"按钮或"取消"按钮，则不进行测试。

图2-38　提示对话框

在"性别"字段中输入的不是"男"或"女"时，系统将会自动提示在"有效性文本"中设置的提示信息，如图2-39所示。

步骤3. 将"学生表"中"入学成绩"字段的"有效性规则"设置为:" > = 0" and " < = 750"，"有效性文本"中输入"分数不在合理范围内!"。

	学号	姓名	性别	民	出生日期	政治面貌	入学成	地址	照片	籍贯
⊞	2011210606	包晓军	男	蒙	996-1-20	团员	360	通辽市奈曼旗	包	内蒙古通辽
⊞	2011210612	刘洋	男	回	993-10-16	团员	420	通辽市	包	内蒙古通辽
⊞	2011220209	郭晓坤	男	汉	990-10-20	中共预备党	360	北京海淀区		内蒙古呼和
⊞	2011220240	王海	男	汉	1985-5-4	群众	438	青海	包	青海
⊞	2011228613	刘红	女	满	990-10-12	中共党员	410	北京海淀区	包	北京
⊞	2012210404	智芳芳	女	汉	992-1-16	团员	290	包头市九原区		辽宁沈阳
⊞	2012210421	张军	男	汉	1994-5-4	团员	300	辽宁沈阳		内蒙古通辽
⊞	2012210607	李勇	男	汉	992-9-26	团员	380	通辽市后旗		内蒙古通辽
⊞	2012228606	黄磊	男	汉	989-6-12	中共党员	460	赤峰市阿旗		内蒙古赤峰
⊞	2012228606	王杰	女	汉	992-6-20	团员	350	包头市昆仑钢铁大街	包	内蒙古包头
⊞	2012228613	张雪	女	汉	993-2-10	团员	400	包头市东河区西二街	包	内蒙古包头
⊞	2012228664	王珉	女	汉	994-3-26	群众	380	呼和浩特赛汉区	包	内蒙古呼和
⊞	2012237812	张波	男	汉	988-4-18	团员	276	呼和浩特新城区		内蒙古呼和
⊞	2012238105	刘琦	男	汉	991-11-8	团员	310			
⊞	2012239735	刘燕	女	蒙	990-8-10	团员	240			
⊘	2012239764	张丽	他▼	汉	988-3-21	团员	460			
*			男							

记录: ◄ ◄ 第 16 项(共 16)   无筛选器   搜索

Microsoft Access

⚠ 请输入"男"or"女"

确定　帮助(H)

图2-39　有效性规则的效果

知识链接

在为表添加字段时，除了定义字段的名称、字段类型外，还要设置字段的属性，从而更准确地确定数据在表中的存储格式。不同数据类型的字段所拥有的属性不尽相同。

1. 字段大小

（1）对文本字段，在字段中输入允许的最大字符数（最多为255）。

（2）数字字段的"字段大小"属性可以选择的选项及其意义见表2－8。

表2－8 "数字"型数据字段大小的相关指标

设置	说 明	小数位数	存储量大小/B
字节	保存 0~255（无小数位）范围的数字	无	1
小数	存储从 $-10^{38}-1$ 到 $10^{38}-1$ 范围的数字（. adp）；存储从 $-10^{28}-1$ 到 $10^{28}-1$ 范围的数字（. mdb）	28	12
整型	保存 $-32\ 768$ ~ 32 767（无小数位）范围的数字	无	2
长整型	（默认值）保存 $-2\ 147\ 483\ 648$ ~ 2 147 483 647 范围的数字（无小数位）	无	4
单精度型	保存 $-3.402\ 823E38$ ~ $-1.401\ 298E-45$ 范围的负值，1.401 298E-45 ~ 3.402 823E38 范围的正值	7	4
双精度型	保存范围： $-1.79\ 769\ 313\ 486\ 231E308$ ~ $-4.940\ 656\ 458\ 412\ 47E-324$ 1.797 693 134 862 31E308 ~ 4.940 656 458 412 47E-324	15	8
同步复制 ID	全球唯一标示符（GUID）	N/A	16

2. 格 式

"格式"属性可以使字段的值按统一的格式显示。"格式"属性只影响值如何显示，而不影响在表中值如何保存。而且显示格式只有在输入的数据被保存后才应用，而在字段中不会显示任何信息以建议或控制数据的输入格式。如果需要控制数据的输入格式，可使用输入掩码来代替数据显示格式。如果要让数据按输入时的格式显示，则不要设置"格式"属性。

3. 输入掩码

输入掩码用于设置字段（在表和查询中）、文本框以及组合框（在窗体中）中的数据格式，输入掩码可以确保数据符合自定义的格式，并且可以指定允许输入的数值类型。输入掩码主要用于文本型和日期/时间型字段，但也可以用于数字型或货币型字段。

如果要人工输入掩码，可使用表2－9列出的有效的输入掩码字符。

表2－9 有效的输入掩码字符

字符	说 明
0	数字（0~9），必选项，不允许使用加号（＋）和减号（－）
9	数字或空格（非必选项；不允许使用加号和减号）
#	数字或空格（非必选项；空白将转换为空格，允许使用加号和减号）

续表

字符	说　明
L	字符（A～Z，必选项）
?	字符（A～Z，可选项）
A	字母或数字（必选项）
a	字母或数字（可选项）
&	任一字符或空格（必选项）
C	任一字符或空格（可选项）
. , : ; - /	十进制占位符和千位、日期、时间分隔符（实际使用的字符取决于Windows "控制面板" 的 "区域设置" 中指定的区域设置）
<	使其后所有的字符转换为小写
>	使其后所有的字符转换为大写
!	输入掩码从右到左显示，输入至掩码的字符一般都是从左向右的。可以在输入掩码的任意位置包含叹号
\	使其后的字符显示为原义字符。可用于将该表中的任何字符显示为原义字符（例如，\ A 显示为 A）
密码	将 "输入掩码" 属性设置为 "密码"，以创建密码输入项文本框。文本框中输入的任何字符都按原字符保存，但显示为星号（＊）

4. 有效性规则

设置限定该字段所能接受的输入值。当输入的数据违反有效性规则设置时，将显示有效性文本中的提示信息。"有效性规则" 设置的方法非常多，这里列举一些比较常用的设置，供用户在需要时选择使用，具体见表2－10。

表 2－10　有效性规则的设置示例

字符类型	设置字段	设置要求	设置方法
文本型	邮政编码	6 为数字	Like" [0－9] [0－9] [0－9] [0－9] [0－9] [0－9]"
文本型	身份证号	18 位	Like" [0－9] [0－9] [0－9] [0－9] [0－9] [0－9] [0－9] [0－9] [0－9] [0－9] [0－9] [0－9] [0－9] [0－9] [0－9] [0－9] [0－9] [A－Z, 0－9]"
文本型	系别	只能在这几个系部	交通运输系、铁道通信信号系、铁道工程系、建筑工程系、铁道机车车辆系、机械工程系
数字型	成绩	介于 0～100 之间	＞ ＝0 and ＜ ＝100
数字型	月考勤	不大于 22 天	＜ ＝22
日期型	出生日期	年龄大于 18	YEAR（DATE（））－ YEAR（［出生日期］）＞18
日期型	出生日期	1955—1998 年	Between #1955 －1 －1# and #1996 －12 －31#

5．有效性文本

当数据不符合有效性规则时所显示的信息。

6．标题

"标题"属性可以为表中的字段（列）指定不同的显示名称，标题中可以输入超过 64 个字符的字段名称，一般用于输入长字段名。

7．默认值

使用"默认值"属性可以指定添加新记录时自动输入的值。

8．必填字段和允许空字符串

采用字段的"必填字段"和"允许空字符串"属性的不同设置组合，可以控制空白字段的处理。"允许空字符串"属性只能用于"文本"、"备注"或"超级链接"字段，设置是否允许其值为空字符串。空字符串是没有字符的字符串，或者说是长度为零的字符串。需要注意的是，空字符串与 Null 值不一样，空字符串表示没有任何文字内容，而 Null 值表明信息可能存在，但当前未知。

9．索引

确定该字段作为索引，索引可以加快数据的存取速度。

10．Unicode 压缩

确定是否对该字段的文字进行 Unicode 压缩。使用 Unicode 压缩可以减少存储空间，但是也会影响存取的速度。

11．输入法模式

设置此字段得到焦点时默认打开的输入法。

12．输入法语句模式

设置当焦点移到该字段时，希望设置为哪种输入法语句模式。

13．智能标记

为用户标识和标记常见错误，并给用户提供更正这些错误的选项。Access 中智能标记很少使用。

14．文本对齐

设置字段中文本的对齐方式。

15．小数位数

设置小数点的位置。

任务4-4　为成绩表的"学号"字段添加查阅列表

使用字段数据类型列表中的"查阅向导"选项，可以在字段中引用其他表或用户设置的数据。引用后，该表将与源表之间建立关系（关于关系，可参考后面内容），同时在数据表设计视图中，该字段的当前记录右侧将出现一个下拉列表按钮，单击可打开一个下拉列表，从中可选择源表中该字段的记录，从而节省录入数据的时间。

步骤1．打开"教学管理"数据库，打开"成绩表"的设计视图，选中"学号"字段，在其数据类型下拉列表中选择"查阅向导"，如图2-40所示。

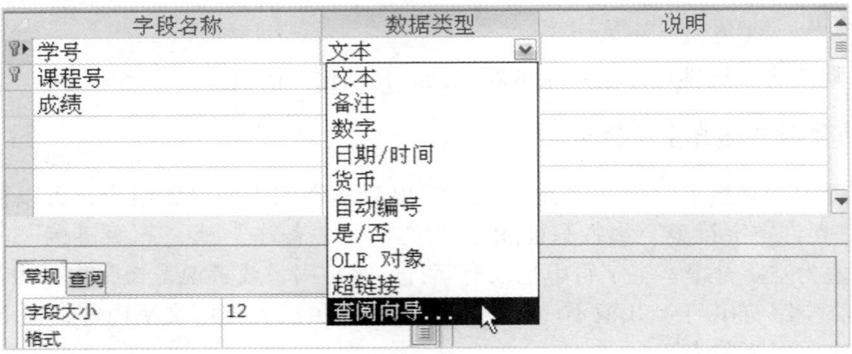

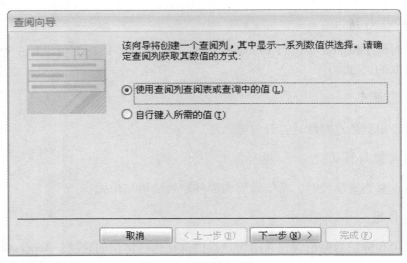

图2-40　选择查阅向导

步骤2．打开"查阅向导"对话框，保持系统默认，单击"下一步"按钮，如图2-41所示。

图2-41　选择查阅向导

步骤3．在打开的界面中选择"学生表"，单击"下一步"按钮，如图2-42所示。

步骤4．在打开的界面中的"可用字段"列表中选择要作为下拉列表的字段"学号"，单击 ▶ 按钮，选定此字段，然后单击"下一步"按钮，如图2-43所示。

步骤5．在打开的选择排序字段界面中单击"下一步"按钮，如图2-44所示。

图 2 - 42　单击"下一步"按钮

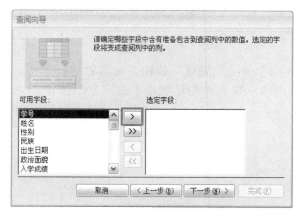

图 2 - 43　选择要作为下拉列表的字段

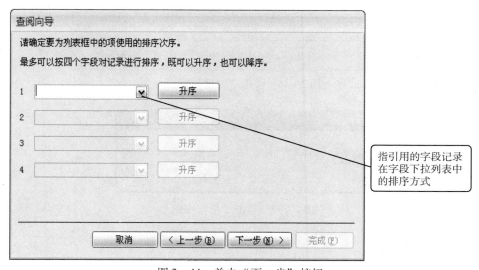

图 2 - 44　单击"下一步"按钮

步骤 6. 在打开的设置列宽界面中选择调整好列的宽度，然后单击"下一步"按钮，如

图 2 - 45 所示。

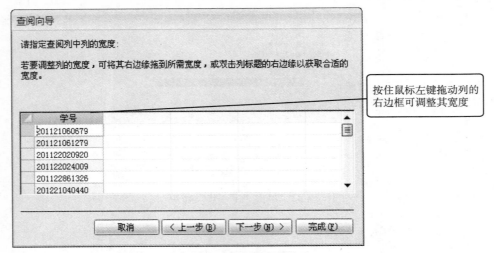

图 2 - 45　设置列的宽度

步骤 7. 在打开的界面中单击"完成"按钮, 如图 2 - 46 所示。

步骤 8. 在弹出的如图 2 - 47 所示对话框中单击"是"按钮, 完成查阅向导的设置。

图 2 - 46　单击"完成"按钮

图 2 - 47　单击"是"按钮

小　结

　　使用"查阅向导"可以为数据表中的字段设置输入列表, 列表中的值可以从其他表中添加, 也可以自行输入所需要的值, 例如性别、政治面貌、专业等字段的值。

任务5　主键和索引的设置

任务描述

➤ 为"学生表"和"成绩表"设置主键

➤ 为学生表创建索引

任务分析

在 Access 2010 中，可以建立一个庞大的数据信息库，而要将这些分布于不同表中的数据作为一个"库"来使用，就需要为各表建立好"主键"，从而建立起一个关系型数据库系统。这种系统的特点是可以使用查询、窗体和报表快速查找数据，并能组合保存来自各个不同表中的信息。如果要做到这一点，每一张表就包含相同的一个或一组字段，它们都是保存在表中的每一条记录的唯一标识，即表的"主键"，通常需要在建立数据表时一并制定。

对于一张表来说，创建索引的操作就是要指定一个或者多个字段，以便于按这个或者这些字段中的值来检索数据，或者排序数据。

任务实施

任务5-1　为"学生表"和"成绩表"设置主键

步骤1. 打开"教学管理"数据库，在导航窗格上右击"学生表"，在弹出的快捷菜单中选择"设计视图"，打开表的设计视图。

步骤2. 单击选中"学号"字段，然后单击"表工具"|"设计"选项卡"工具"组中的"主键"按钮，设置"学号"字段为主键，其左侧会显示 ，如图 2-48 所示，最后保存并关闭"学生表"。

图 2-48　设置主键

步骤3. 打开"成绩表"的设计视图，按住 Ctrl 键的同时单击"行选定器"，选择"学号"和"课程号"，然后单击"表工具" | "设计"选项卡"工具"组中的"主键"按钮，将其设置为多字段主键，最后保存并关闭"成绩表"。

知识链接

中文 Access 允许定义三种类型的主键：自动编号、单字段及多字段。

1. 自动编号主键

向表中添加每一条记录时，可将自动编号字段设置为自动输入连续数字的编号。将自动编号字段指定为表的主键是创建主键的最简单的方法。如果在保存新建的表之前没有设置主键，此时 Microsoft Access 将询问是否要创建主键。如果回答为"是"，Microsoft Access 将创建自动编号主键。

在学生表中，也可以将"学号"的类型设置为"自动编号"。当输入数据时，"学号"由系统自动产生连续数字的编号，如1，2，3…，不需要用户自行输入。但当删除一条学生记录时，将同时删除这条记录的自动编号，产生断号。

2. 单字段主键

如果某些信息相关的表中拥有相同的字段，而且所包含的都是唯一的值，如学号或课程号，那么就可以将该字段指定为主键。如果选择的字段有重复值或 Null 值，Access 2010 将不会设置其主键，为此可运行"查找重复项"查询找出包含重复数据的记录，然后编辑修改它。

3. 多字段主键（联合主键）

在不能保证任何的单字段都包含唯一值时，可以将两个或更多的字段指定为主键。这种情况最常出现在用于"多对多"关系中关联另外两个表的表。"多对多"关系是关系数据库中较难理解的概念，但却非常实用，它说明 A 表中的记录能与 B 表中的许多行记录匹配，并且 B 表中的记录也能与 A 表中的许多行记录匹配。此关系的类型仅能通过定义第三张表（称作"结合表"）的方法来实现，其主键包含两个字段，即来源于 A 和 B 两张表的主键。"多对多"关系实际上是使用第三张表的两个"一对多"关系。例如，学生表和课程表就可能有一个"多对多"关系，它是通过成绩表中两个"一对多"关系来创建的。

任务 5 - 2 为学生表创建索引

1. 创建单字段索引

步骤1. 打开"教学管理"数据库，在导航窗格中右击"学生表"，在弹出的快捷菜单中选择"设计视图"，打开表的设计视图。

步骤2. 单击选中"学号"字段，在"字段属性"栏中单击"索引"下拉列表框中的▼ 按钮，在列表中选择"有（有重复）"选项，将该字段创建为索引，如图 2 - 49 所示，最后关闭并保存"学生表"即可。

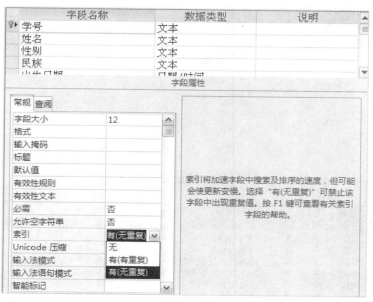

图 2 - 49　创建索引

> **小提示**　表的主键将自动设置索引,而 OLE 对象、备注等字段不能设置索引。索引字段的数据类型为"文本"、"数值"、"货币"或"日期/时间"。

2．创建多字段索引

创建多字段索引来排序表中的记录时,Access 将首先依照定义在索引中的第一个字段的值进行排序,如果在第一个字段中出现重复值,则 Access 将依照索引定义中的第二个字段的值进行排序,以此类推。为"学生"表创建基于两个字段的索引,实现先按"性别"字段排序,再按"出生日期"字段排序。

步骤 1．在设计视图中打开"学生表",为了演示索引的排序功能,先选择"学号"字段,然后单击工具栏上的"主键"按钮,取消该字段的主键设置。

步骤 2．单击"设计"选项卡"显示/隐藏"组中的"索引"按钮,弹出"索引"对话框。

步骤 3．在该对话框的"索引名称"列的第一个空白行处输入索引名称"性别出生",然后在对应的"字段名称"列中单击右侧的向下箭头,从下拉列表框中选择"性别"字段;在"字段名称"列的下一行处单击右侧的向下箭头,从下拉列表框中选择"出生日期"字段。"排序次序"都选择默认的"升序",如图 2 - 50 所示。

步骤 4．单击任务窗格上的"保存"按钮,保存修改后的数据表。

步骤 5．切换到数据表视图,可以看到所有记录已经首先按"性别"排序,性别相同的记录则按"出生日期"的升序整齐排列,如图 2 - 51 所示。

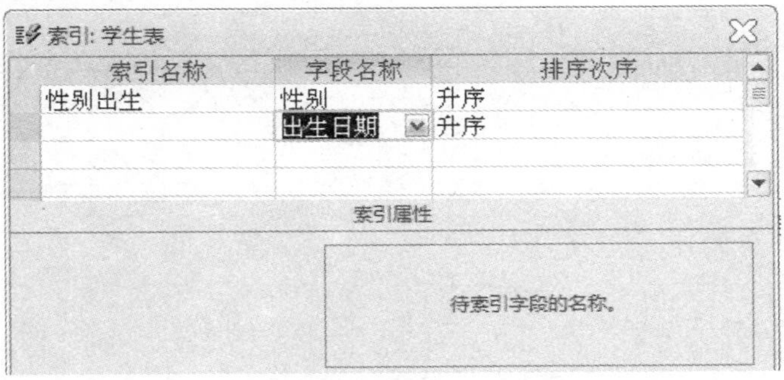

图 2-50　创建多字段索引

学号	姓名	性	民	出生日期	政治面貌	入学成	地址	照片	籍贯
201122024009	王海	男	汉	1985-5-4	群众	438	青海	包	青海
201223976408	张丽	男	汉	1988-3-21	团员	460	包头青山区民主路25-	包	内蒙古呼和
201223781216	张波	男	汉	1988-4-18	团员	276	呼和浩特新城区		内蒙古呼和
201222860601	黄磊	男	汉	1989-6-12	中共党员	460	赤峰市阿旗		内蒙古赤峰
201122020920	郭晓坤	男	汉	1990-10-20	中共预备党	360	北京海淀区		内蒙古呼和
201223810520	刘琦	男	汉	1991-11-8	团员	310	内蒙古临河		内蒙古临河
201221060765	李勇	男	汉	1992-9-26	团员	380	通辽市后旗	包	内蒙古通辽
201121061279	刘洋	男	回	1993-10-16	团员	420	通辽市	包	内蒙古通辽
201221042105	张军	男	汉	1994-5-4	团员	300	辽宁沈阳		辽宁沈阳
201121060679	包晓军	男	蒙	1996-1-20	团员	360	通辽市奈曼旗	包	内蒙古通辽
201223973506	刘燕	女	蒙	1990-8-10	团员	240	包头东河区公七街	包	内蒙古集宁
201122861326	刘红	女	满	1990-10-12	中共党员	410	北京海淀区	包	北京
201221040440	智芳芳	女	汉	1992-1-16	团员	290	包头市九原区		内蒙古通辽
201222860602	王杰	女	汉	1992-6-20	团员	350	包头市昆区钢铁大街6	包	内蒙古包头
201222861342	张雪	女	汉	1993-2-10	团员	400	包头市东河区西二街	包	内蒙古包头
201222866405	王琨	女	汉	1994-3-26	群众	380	呼和浩特赛汉区	包	内蒙古呼和

图 2-51　多字段索引的排序结果

小　结

表中设置主键的字段必须具有两个特性：字段的值不能有重复性且必须有代表性。例如，在学生表中，最好不要将“姓名”字段设为主键，因为名字有可能重复，而可以将“学号”设为主键，因为“学号”不可能重复。

在数据表中，既可以创建单字段的索引，又可以创建多字段的索引。

在“索引”属性文本框中，可选择的选项有以下三个。

（1）无：该字段不建立索引。

（2）有（有重复）：该字段建立索引，且字段中的数据可以有重复值。

（3）有（无重复）：该字段建立索引，且字段中的数据不可以有重复值。这种索引被称为唯一索引。

任务6　表关系的创建和编辑

任务描述

➢ 在“教学管理”数据库中，为学生表、课程表和成绩表之间创建表关系

➢ 查看和编辑"教学管理"数据库中的表关系

任务分析

数据库的设计要尽量消除数据冗余，要消除数据冗余，可使用多个给予某个主题的表来存储数据，然后通过各表中的公共字段来在各表之间建立关系，从而使各表中的数据可以重新组织在一起。

创建好表之间的关系后，可以随时进行查看，必要时还可以对其进行修改或删除。

任务实施

任务6-1　在"教学管理"数据库中，为学生表、课程表和成绩表之间创建表关系

步骤1. 打开"教学管理"数据库，单击切换到"数据库工具"选项卡，单击"关系"组中的"关系"按钮，如图2-52所示。

步骤2. 弹出"关系"窗口，并显示"关系工具"｜"设计"选项卡，单击"显示表"按钮，在弹出的"显示表"对话框中，按住 Ctrl 键的同时依次单击要建立关系的表，可同时选中多个表，如图2-53所示。

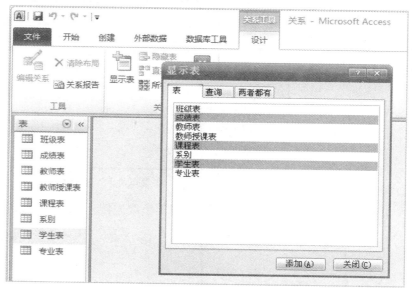

图2-52　关系组　　　　　　　　　　　　图2-53　选择要建立关系的表

步骤3. 单击"添加"按钮，将选中的表添加到"关系"窗口中，然后单击"关闭"按钮，关闭"显示表"对话框，打开"关系"窗口，如图2-54所示。

步骤4. 在"关系"窗口中，单击"学生表"中的"学号"字段，然后拖曳到"成绩表"的"学号"字段上方，打开"编辑关系"对话框。

步骤5. 在"编辑关系"对话框中，勾选"实施参照完整性"、"级联更新相关字段"、"级联删除相关记录"三个复选项，单击"创建"按钮，即在"学生表"和"成绩表"之间通过"学号"字段建立关系，如图2-55所示。选中"实施参照完整性"复选框表示此表（成绩表）中的"关联字段"（学号）必须在主表（学生表）中存在，否则会出现错误；

选中"级联更新相关字段"和"级联删除相关记录"复选框表示更新（或删除）主表中的关联字段，次表中会跟着一起更新（或删除）。

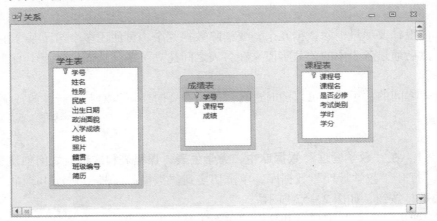

图 2-54 "关系"窗口

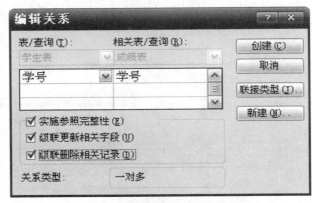

图 2-55 "编辑关系"对话框

步骤6. 表关系创建成功（两表之间用黑线连接），如图 2-56 所示。

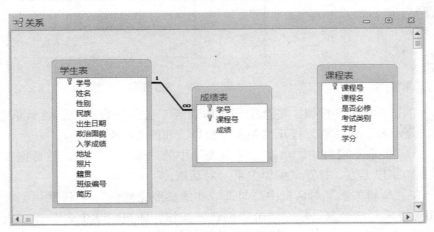

图 2-56 表关系创建成功

步骤7. 关闭"关系"窗口，在弹出的对话框中单击"是"按钮，保存表关系，如图2-57所示。

图2-57 保存表关系

步骤8. 这样，"学生表"和"成绩表"间的关系就创建完成了，再来看一下创建了关系的效果。打开"学生表"的数据表视图，如图2-58所示，在此窗口中可以看到前面新加了一个没有标题的列，单击此列前的"+"号，展开后可以看到此学生名称下的各科成绩，如图2-59所示。如果在此操作界面中，对某个读者的"学号"进行了修改，则在"成绩表"中对应的"学号"也会跟着改变，这是级联更新的作用。如果在"学生表"中删除了某些"学号"的记录，则在"成绩表"中对应的"学号"的记录就全自动删除了，这是级联删除的作用。

	学号	姓名	性别	民	出生日	政治面貌	入学成	地址	照片	籍贯	简历	班
+	2011210606	包晓军	男	蒙	.996-1-20	团员	360	通辽市奈曼旗	包	内蒙古通辽		Gj
+	2011210612	刘洋	男	回	.993-10-16	团员	420	通辽市	包	内蒙古通辽		Gj
+	2011220209	郭晓坤	男	汉	.990-10-20	中共预备党	360	北京海淀区		内蒙古呼和浩		Gt
+	2011220240	王海	男	汉	1985-5-4	群众	438	青海	包	青海		Gt
+	2011228613	刘红	女	满	.990-10-12	中共党员	410	北京海淀区	包	北京		Gt
+	2012210404	智芳芳	女	汉	.992-1-16	团员	290	包头市九原区		内蒙古通辽		Gt
+	2012210421	张军	男	汉	1994-5-4	团员	300	辽宁沈阳		辽宁沈阳		Gj
+	2012210607	李勇	男	汉	.992-9-26	团员	380	通辽市后旗		内蒙古通辽		Gj
+	2012228606	黄磊	男	汉	.989-6-12	中共党员	460	赤峰市阿旗		内蒙古赤峰		Gj
+	2012228606	王杰	女	汉	.992-6-20	团员	350	包头市昆区钢铁大街	包	内蒙古包头		Gt
+	2012228613	张雪	女	汉	.993-2-10	团员	400	包头市东河区西二街	包	内蒙古包头		Gj
+	2012228664	王琨	女	汉	.994-3-26	群众	380	呼和浩特赛汉区	包	内蒙古呼和浩		Gj
+	2012237812	张波	男	汉	.988-4-18	团员	276	呼和浩特新城区		内蒙古呼和浩		Gt
+	2012238105	刘琦	男	汉	.991-11-8	团员	310	内蒙古临河		内蒙古临河		Gt
+	2012239735	刘燕	女	蒙	.990-8-10	团员	240	包头东河区公七街	包	内蒙古集宁		Gt
+	2012239764	张丽	男	汉	.988-3-21	团员	460	包头青山区民主路25-	包	内蒙古呼和浩		Gt
*			男				0					

记录: ◄ 第1项(共16项) ► ►► 无筛选器 搜索

图2-58 学生表的数据表视图

步骤9. 以相同方法，为"课程表"的"课程号"字段和"成绩表"的"课程号"字段创建"一对多"的关系，并且勾选"实施参照完整性"、"级联更新相关字段"、"级联删除相关记录"三个复选项，单击"创建"按钮，即在"课程表"和"成绩表"之间通过"课程号"字段建立关系，如图2-60所示。

步骤10. 保存当前的"关系"布局，通过这两个"一对多"关系的创建，实际上就完成了"学生表"和"课程表"多对多关系的创建。

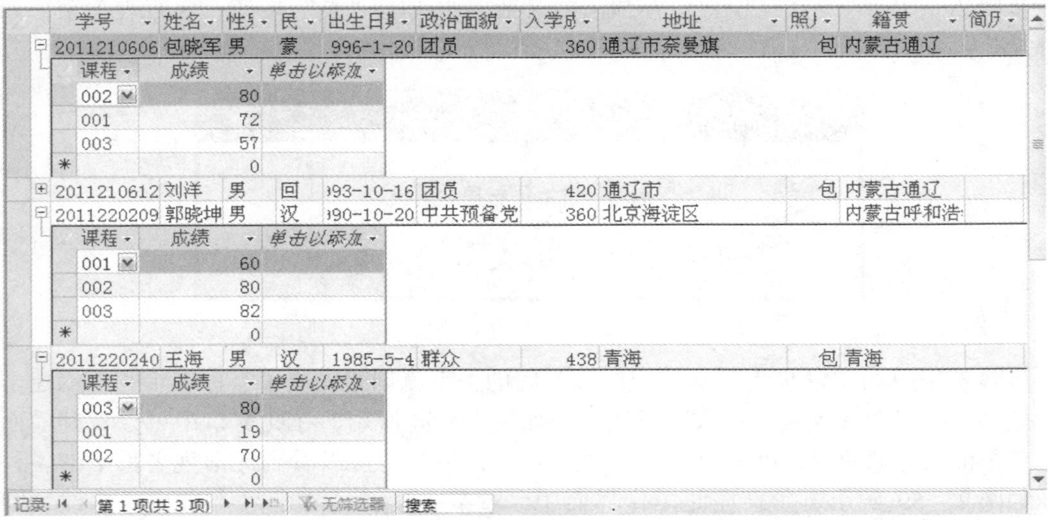

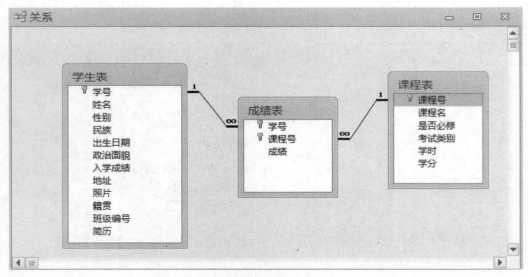

图 2-59　建立关系后的效果

图 2-60　"关系"窗口

小提示　利用"查阅向导"引用其他表中的记录时，会自动在两个表之间建立关系。例如，在前面讲到的使用查阅向导在"成绩表"中引用"学生表"中的数据时，系统会自动在这两个表之间创建关系。

任务 6-2　查看和编辑"教学管理"数据库中的表关系

可单击"数据库工具"选项卡"显示/隐藏"组中的"关系"按钮，打开表关系视图，同时显示"关系工具"｜"设计"选项卡，如图 2-61 所示，各按钮的作用如下。

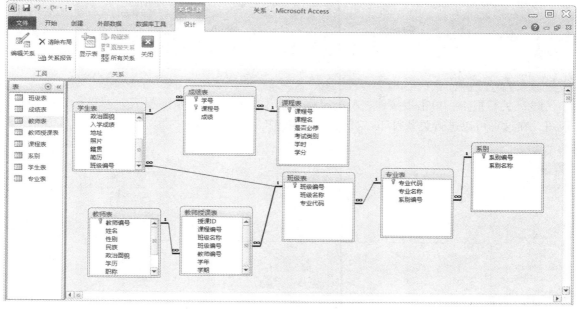

图2-61　"关系工具" | "设计"选项卡

（1）编辑关系：单击该按钮，弹出"编辑关系"对话框，在该对话框中，可以进行设置表关系参数的完整性、设置联接类型、新建表关系等操作，如图2-62所示。

（2）清除布局：单击该按钮，将弹出如图2-63所示的清除确认对话框，单击"是"按钮，将清除在表关系视图中显示的所有表关系。

图2-62　"编辑关系"对话框

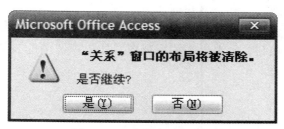

图2-63　清除确认对话框

小提示　如果要删除两个表之间的关系，只需在"关系"窗口中单击两个表之间的关系连线，然后按 Delete 键并在弹出的对话框中加以确认即可。表处于打开状态或正在被其他程序使用时，用户将无法删除该关系，必须先将这些打开或使用着的表关闭，才能删除关系。

（3）关系报告：单击该按钮，Access 将自动生成各种表关系的报表，并进行打印预览视图，在这里可以进行关系打印、页面布局等操作，如图 2–64 所示。

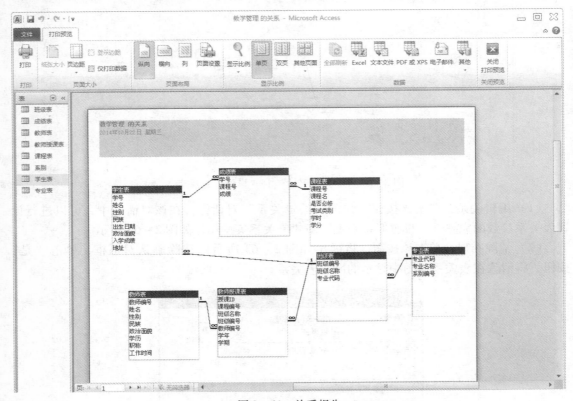

图 2 – 64　关系报告

（4）隐藏表：选中一个表，然后单击该按钮，将在表关系视图中隐藏该表。

（5）直接关系：单击该按钮，可以显示与表关系视图中的表有直接关系的表。例如，假设在"计算机设备租赁"数据库中的表关系视图中只显示了"租赁表"，则单击该按钮后，会显示隐藏的"设备表"和"客户表"。

（6）所有关系：单击该按钮，将显示该数据库中的所有表关系。

（7）关闭：单击该按钮，会退出表关系视图，如果视图中的表关系布局没有保存，会弹出"是否保存"对话框。

小　结

数据库是相关数据的集合，因而数据库中的各个表通常不是孤立存在的，而是有着某种内在联系。在 Access 中，通过建立表之间的关系可以减少数据冗余，并且可以从多个相关的表中提取所需的数据来创建查询、窗体、报表等对象。此外，在建立表间关系的基础上，还可以进一步设置表之间的参照完整性，从而更好地确保相关数据的完整性。

显然，两个表之间只有存在相关联的字段才能在两者之间建立关系。例如在"教学管理"数据库中，"学生"表和"成绩"表之间需要通过两者都有的"学号"字段建立关系。"课程"表和"成绩"表之间则需要通过两者都有的"课程号"字段建立关系。

表与表之间的关系可分为一对一、一对多和多对多三种类型，而所创建的关系类型取决于两个表中相关联的字段是如何定义的，以下是有关的说明。

（1）表的关系就是表之间的内在联系，一般这个联系就是字段相同。如果相关联的字段在两个表中都是主键或唯一索引，将创建一对一关系。

（2）一对多的关系是数据库中最常见的关系，意思是一条记录可以和其他很多表的记录建立关系。如果相关联的字段只有一个在表中是主键或唯一索引，将创建一对多关系。

（3）多对多的关系可以理解为，一个客户可以有多个订单，而同时一个客户还可以有多个事件发生，所以在"订单"和"事件"这两个表之间建立关系就是多对多的关系了。多对多关系实际上是两个表与第三个表的两个一对多关系，第三个表的主键包含两个字段，分别是两个表的外键。

任务7　查找和替换数据表中的数据

任务描述

➢ 在学生表中查找姓名为"刘红"的学生
➢ 在学生表中，将政治面貌中的"团员"替换为"中国共青团团员"

任务分析

当数据库中的数据比较多时，查找或替换数据就显得比较困难。因此，Access 2010 提供了专门的工具用于查找和替换数据。

任务实施

任务7-1　在学生表中查找姓名为"刘红"的学生

步骤1．打开要查找数据的表，如学生表，选中要查找的"姓名"列（如果要在整个表中查找，请将整个表选中），单击"开始"选项卡"查找"组中的"查找"按钮（或按 Ctrl +F 键），如图2-65所示。

步骤2．在弹出的"查找和替换"对话框中，在"查找内容"文本框中输入"刘红"，如图2-66所示，然后单击"查找下一个"按钮，找到的内容会以选中的状态显示，如图2-67所示。

图 2 - 65　学生表操作窗口

图 2 - 66　"查找和替换"对话框

姓名	性别	民族	出生日期	政治面貌	入学成绩	地址	照片	籍贯	简历	班级编号	单击以添加
包晓军	男	蒙	1996-1-20	团员	360	通辽市奈曼旗	包	内蒙古通辽		Gjzgc1104	
刘洋	男	回	1993-10-16	团员	420	通辽市	包	内蒙古通辽		Gjzgc1104	
郭晓坤	男	汉	1990-10-20	中共预备党	360	北京海淀区		内蒙古呼和浩		Gtxxh1106	
王海	男		1985-5-4	群众	438	青海		青海		Gtxxh1106	
刘红	女	满	1990-10-12	中共党员	410	北京海淀区	包	北京		Gtxxh1106	
智芳芳	女	汉	1992-1-16	团员	290	包头市九原区		内蒙古通辽		Gtxxh1106	
张军	男	汉	1994-5-4	团员	300	辽宁沈阳		辽宁沈阳		Gjtyy1216	
李勇	男	汉	1992-9-26	团员	380	通辽市后旗		内蒙古通辽		Gjdsb1220	
黄磊	男	汉	1989-6-12	中共党员	460	赤峰市阿旗		内蒙古赤峰		Gjtyy1217	
王杰	女	汉	1992-6-20	团员	350	包头市昆区钢铁大街	包	内蒙古包头		Gtdgc1213	
张晋	女	汉	1993-2-10	团员	400	包头市东河区西二街	包	内蒙古包头		Gjtyy1217	
王琨	女	汉	1994-3-26	群众	380	呼和浩特赛汉区	包	内蒙古呼和浩		Gjtyy1217	
张波	男	汉	1988-4-18	团员	276	呼和浩特新城区		内蒙古呼和浩		Gtdgc1213	
刘琦	男	汉	1991-11-8	团员	310	内蒙古临河		内蒙古临河		Gjdsb1220	
刘燕	女	蒙	1990-8-10	团员	240	包头东河区公七街		内蒙古集宁		Gtxxh1106	
张丽	男		1988-3-21	团员	460	包头青山区民主路25-	包	内蒙古呼和浩		Gtdgc1213	

图 2 - 67　查找数据的结果

小提示　在如图 2 - 66 所示的"查找和替换"对话框中，如果用户要在整个表中查找数据，则可以在"查找范围"下拉列表中选择"数据表名称：表"项进行查找，"匹配"项一般无需更改，对"搜索"项进行设置后，可以选择搜索的顺序，设置"自上而下"或是"自下而上"进行搜索。

任务7－2　在学生表中，将政治面貌中的"团员"替换为"中国共青团团员"

步骤1. 打开要替换数据的学生表，选中要替换数据的"政治面貌"列，在"开始"选项卡的"查找"组中单击"替换"按钮，打开"查找和替换"对话框。

步骤2. 在"查找和替换"对话框的"查找内容"文本框中输入"团员"，在"替换为"文本框中输入替换的内容为"中国共青团团员"，单击"全部替换"按钮，稍后，系统会提示"您将不能撤销该替换操作"，单击"是"按钮，即可将数据替换，如图2－68所示。

图2－68　替换数据

小　结

通过"查找"组的"查找"和"替换"命令，可以快速地从数据表中查找和替换字段的值。

任务8　调整学生表的外观

任务描述

➢ 将"政治面貌"列移动到"出生日期"字段的左边

➢ 调整行显示高度和列显示宽度

➢ 隐藏和显示"籍贯"字段

➢ 冻结"姓名"列

任务分析

在表的数据视图中，若有需要，用户可以改变字段的显示状态和顺序，并且当表中字段比较多时，由于屏幕宽度的限制而无法显示所有字段，或不方便看相距较远的字段内容时，可使用冻结列功能。

任务实施

任务8－1　将"政治面貌"列移动到"出生日期"字段的左边

步骤1. 打开"教学管理"数据库，打开"学生表"的数据表视图。

步骤2. 将鼠标指针置于"政治面貌"字段的字段名上，待鼠标指针变为黑色粗体向下箭头时单击，此时"政治面貌"字段列被选中。

步骤3. 再次将鼠标指针靠近"政治面貌"字段的字段名，待鼠标指针变为空心箭头时按住鼠标左键，并拖动该字段到"出生日期"左侧，释放鼠标左键。"政治面貌"列便被移动到"出生日期"字段的左边，如图2-69所示。

小提示 需要指出的是，移动数据表视图中的字段位置，并不会改变该数据表在设计视图中的字段排列顺序，同样也不会改变字段数据的保存顺序。

图2-69 改变字段顺序示例

任务8-2 调整行显示高度和列显示宽度

步骤1. 通过鼠标调整记录行显示高度的方法是：将鼠标指针放在表中任意两行左端的记录选定器之间，当鼠标指针变为垂直双向箭头时，拖动鼠标向上或向下移动，待调整所需高度时，释放鼠标左键，如图2-70所示。

图2-70 调整行显示高度

步骤2. 通过鼠标调整数据列显示宽度的方法是：将鼠标指针放在表中要改变列宽的两个字段列中间，当鼠标指针变为水平双向箭头时，拖动鼠标向左或向右移动，待调整所需宽度时，释放鼠标左键。如果拖动鼠标超过下一个字段列的宽度时，则会隐藏该字段列，如图

2-71 所示。

学生表

学号	姓名	性别	民族	出生日期	政治面貌	入学成绩	地址	照片	籍贯	班级编号
201121060679	包晓军	男	蒙	1996/1/20	团员	360	通辽市奈曼旗	Package	内蒙古通辽	Gjzgc1104
201121060680	张三	男		1991/12/20		0				
201121061279	刘洋	男	回	1993/10/16	团员	420	通辽市	Package	内蒙古通辽	Gjzgc1104
201122020920	郭晓坤	男	汉	1990/10/20	中共预备党员	360	北京海淀区		内蒙古呼和浩特	Gtxxh1106
201122024009	王海	男	汉	1985/5/4	群众	438	青海	Package	青海	Gtxxh1106
201122861326	刘红	女	满	1990/10/12	党员	410	北京海淀区	Package	北京	Gtxxh1106
201221040440	智芳芳	女	汉	1992/1/16	团员	290	包头市九原区		内蒙古通辽	Gtxxh1106
201221042105	张军	男	汉	1994/5/4	团员	300	辽宁沈阳		辽宁沈阳	Gjtyy1216

图 2-71　调整列显示宽度

任务 8-3　隐藏和显示"籍贯"字段

步骤 1.　打开"学生表",切换到数据表视图。

步骤 2.　单击"籍贯"字段的标题,选中该字段列。

步骤 3.　在这一列列标题位置单击鼠标右键,弹出快捷菜单,选择菜单下的"隐藏列"命令,此时,"籍贯"字段便会隐藏起来。图 2-72 和图 2-73 是执行隐藏前后的效果。

姓名	性别	民	入学成	政治面貌	出生日期	地址	照片	籍贯	简历	班级编号
包晓军	男	蒙	360	团员	1996-1-20	通辽市奈曼旗	包	内蒙古通辽		Gjzgc1104
刘洋	男	回	420	团员	1993-10-16	通辽市	包	内蒙古通辽		Gjzgc1104
郭晓坤	男	汉	360	中共预备党	1990-10-20	北京海淀区		内蒙古呼和浩		Gtxxh1106
王海	男	汉	438	群众	1985-5-4	青海	包	青海		Gtxxh1106
刘红	女	满	410	中共党员	1990-10-12	北京海淀区	包	北京		Gtxxh1106
智芳芳	女	汉	290	团员	1992-1-16	包头市九原区		内蒙古通辽		Gtxxh1106
张军	男	汉	300	团员	1994-5-4	辽宁沈阳		辽宁沈阳		Gjtyy1216
李勇	男	汉	380	团员	1992-9-26	通辽市后旗		内蒙古		Gjdsb1220
黄磊	男	汉	460	中共党员	1989-6-12	赤峰市阿旗		内蒙古赤峰		Gjtyy1217
王杰	女	汉	350	团员	1992-6-20	包头市昆区钢铁大街	包	内蒙古包头		Gtdgc1213
张雪	女	汉	400	群众	1993-2-10	包头市东河区西二街	包	内蒙古包头		Gjtyy1217
王琨	女	汉	380	群众	1994-3-26	呼和浩特赛汉区		内蒙古呼和浩		Gjtyy1216
张波	男	汉	276	团员	1988-4-18	呼和浩特新城区		内蒙古呼和浩		Gtdgc1213
刘琦	男	汉	310	团员	1991-11-8	内蒙古临河		内蒙古临河		Gjdsb1220

图 2-72　隐藏列之前的效果

姓名	性别	民	入学成	政治面貌	出生日期	地址	照片	简历	班级编号	单
包晓军	男	蒙	360	团员	1996-1-20	通辽市奈曼旗	包		Gjzgc1104	
刘洋	男	回	420	团员	1993-10-16	通辽市			Gjzgc1104	
郭晓坤	男	汉	360	中共预备党	1990-10-20	北京海淀区			Gtxxh1106	
王海	男	汉	438	群众	1985-5-4	青海	包		Gtxxh1106	
刘红	女	满	410	中共党员	1990-10-12	北京海淀区	包		Gtxxh1106	
智芳芳	女	汉	290	团员	1992-1-16	包头市九原区			Gtxxh1106	
张军	男	汉	300	团员	1994-5-4	辽宁沈阳			Gjtyy1216	
李勇	男	汉	380	团员	1992-9-26	通辽市后旗	包		Gjdsb1220	
黄磊	男	汉	460	中共党员	1989-6-12	赤峰市阿旗			Gjtyy1217	
王杰	女	汉	350	团员	1992-6-20	包头市昆区钢铁大街			Gtdgc1213	
张雪	女	汉	400	群众	1993-2-10	包头市东河区西二街			Gjtyy1217	
王琨	女	汉	380	群众	1994-3-26	呼和浩特赛汉区			Gjtyy1216	
张波	男	汉	276	团员	1988-4-18	呼和浩特新城区			Gtdgc1213	
刘琦	男	汉	310	团员	1991-11-8	内蒙古临河			Gjdsb1220	

图 2-73　隐藏列之后的效果

步骤 4.　在任何列的列标题处单击鼠标右键,弹出快捷菜单,选择"取消隐藏列"命

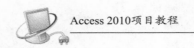

令，弹出如图 2 -74 所示的"取消隐藏列"对话框，此时，取消勾选"籍贯"字段，单击"关闭"按钮，"籍贯"字段便会显示出来。

图 2 -74   "取消隐藏列"菜单

任务 8 -4   冻结"姓名"列

步骤 1. 打开"教学管理"数据库，打开"学生表"的数据表视图。

步骤 2. 将光标置于"姓名"字段列标题处。

步骤 3. 单击鼠标右键，在弹出的快捷菜单中选择"冻结列"命令。这时，"姓名"字段被冻结，出现在窗口的最左边。

步骤 4. 拖动窗口右下角的水平滚动条，可以看到"姓名"字段总是处于窗口的最左端。其显示效果如图 2 -75 所示。

姓名 ▾	地址 ▾	照片 ▾	简历 ▾	班级编号 ▾	学
⊞ 包晓军	通辽市奈曼旗		包	Gjzgc1104	
⊞ 刘洋	通辽市		包	Gjzgc1104	
⊞ 郭晓坤	北京海淀区			Gtxxh1106	
⊞ 王海	青海		包	Gtxxh1106	
⊞ 刘红	北京海淀区		包	Gtxxh1106	
⊞ 智芳芳	包头市九原区			Gtxxh1106	
⊞ 张军	辽宁沈阳			Gjtyy1216	
⊞ 李勇	通辽市后旗		包	Gjdsb1220	
⊞ 黄磊	赤峰市阿旗			Gjtyy1217	
⊞ 王杰	包头市昆区钢铁大街68号		包	Gtdgc1213	
⊞ 张雪	包头市东河区西二街		包	Gjtyy1217	
⊞ 王琨	呼和浩特赛汉区		包	Gjtyy1216	
⊞ 张波	呼和浩特新城区			Gtdgc1213	
⊞ 刘琦	内蒙古临河			Gjdsb1220	
⊞ 刘燕	包头东河区公七街		包	Gtxxh1106	
⊞ 张丽	包头青山区民主路25号		包	Gtdgc1213	
*					

图 2 -75   冻结字段示例

小提示 若要同时冻结相邻的多列，只需同时选中这几列，然后右击列标题，弹出快捷菜单，选择"冻结列"命令即可。若要取消已有的冻结列效果，只需右击列标题，选择快捷菜单下的"取消对所有列的冻结"命令即可。

小 结

在数据视图中，可以对数据表的外观进行调整，包括改变字段的显示顺序、调整行高列宽、显示和隐藏列以及冻结列等操作。当将表中的某列或某几列字段冻结之后，无论怎样水平滚动窗口内容，被冻结的字段内容将总是可见的，并且总是显示在窗口的左端。

任务9 对学生表进行数据排序

任务描述

分别使用简单排序、相邻的字段排序和高级排序的方法对学生表中的记录进行排序。

任务分析

在实际工作中，经常需要对数据表中的众多记录按照一定的要求排列其显示顺序，从而更方便查阅数据。

任务实施

步骤1. 采用基于单个字段的简单排序方法对"学生表"进行排序，在数据表视图中打开学生表后，鼠标右击要进行排序的"出生日期"的列标题，选择"升序"或"降序"命令，或者选择要排序的列后，单击"开始"选项卡"排序和筛选"组中的"升序"或"降序"按钮，即可使该表中的记录按照该列的数据进行升序或降序排列，如图 2－76 所示。

图 2－76 数据的排序操作

　　步骤2. 采用基于多个相邻字段的简单排序方法对"学生表"进行排序，在数据表视图中打开需要排序的"学生表"，同时选择"性别"和"出生日期"两个相邻字段，单击"开始"选项卡"排序和筛选"组中的"升序"或"降序"按钮，即可使学生表中的记录先按左边"性别"字段值的升序排列，对于"性别"字段值相同的记录再按右边"出生日期"字段值的升序排列，排序结果如图2-77所示。

姓名	学号	性别	出生日期	民族	入学成绩	政治面貌	地址	照片	简历	班级编号	学生
王海	2011220240	男	1985-5-4	汉	438	群众	青海		包	Gtxxh1106	
张丽	2012239764	男	1988-3-21	汉	460	团员	包头青山区民主路25号		包	Gtdgc1213	
张波	2012237812	男	1988-4-18	汉	276	团员	呼和浩特新城区			Gtdgc1213	
黄磊	2012228606	男	1989-6-12	汉	460	中共党员	赤峰市阿旗			Gjtyy1217	
郭晓坤	2011220209	男	1990-10-20	汉	360	中共预备党	北京海淀区			Gtxxh1106	
刘琦	2012238105	男	1991-11-8	汉	310	团员	内蒙古临河			Gjdsb1220	
李勇	2012210607	男	1992-9-26	汉	380	团员	通辽市后旗		包	Gjdsb1220	
刘洋	2011210612	男	1993-10-16	回	420	团员	通辽市		包	Gjzgc1104	
张军	2012210421	男	1994-5-4	汉	300	团员	辽宁沈阳			Gjtyy1216	
包晓军	2011210606	男	1996-1-20	蒙	360	团员	通辽市奈曼旗		包	Gjzgc1104	
刘燕	2012239735	女	1990-8-10	蒙	240	团员	包头东河区公七街		包	Gtxxh1106	
刘红	2012228613	女	1990-10-12	满	410	中共党员	北京海淀区		包	Gtxxh1106	
智芳芳	2012210404	女	1992-1-16	汉	290	团员	包头市九原区			Gtxxh1106	
王杰	2012228606	女	1992-6-20	汉	350	团员	包头市昆区钢铁大街68号		包	Gtdgc1213	
张雪	2012228613	女	1993-2-10	汉	400	团员	包头市东河区西二街		包	Gjtyy1217	
王琪	2012228664	女	1994-3-26	汉	380	群众	呼和浩特赛汉区		包	Gjtyy1216	
*		男			0						

记录: ◄ 第1项(共16项) ► ►► ►* ▼ 无筛选器 　搜索

图2-77　多字段简单排序示例

> **小提示**　这种排序方法必须注意这些字段的先后顺序。Access将首先按照最左边的字段值进行排序，然后再依据第二个字段的值进行排序，以此类推。这种排序方法虽然简单，但所依据的排序字段必须是相邻的，并且每个字段都只能统一按照升序或降序方式进行排序。

　　步骤3. 采用高级排序方法对"学生表"进行排序。

　　（1）在数据表视图中打开需要排序的"学生表"，选择"开始"选项卡，在"排序和筛选"组中单击"高级"选项，弹出下拉列表，如图2-78所示，从中选择"高级筛选/排序"命令，弹出"筛选"窗口。

图2-78　高级排序的选择

（2）在"筛选"窗口中，设置排序字段和排序方式，如图 2 - 79 所示。

图 2 - 79 在"筛选"窗口设置排序方式

（3）选择"开始"选项卡"排序和筛选"组中的"高级"|"应用筛选/排序"命令，如图 2 - 80 所示。排序结果如图 2 - 81 所示。

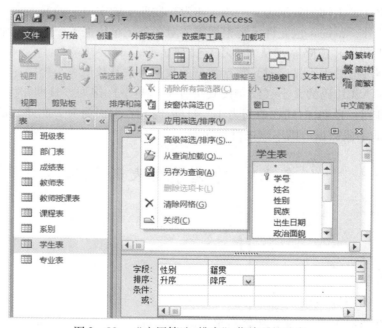

图 2 - 80 "应用筛选/排序"菜单项的选定

姓名	学号	性别	籍贯	出生日期	民族	入学成绩	政治面貌
王海	2011220240	男	青海	1985-5-4	汉	438	群众
刘洋	2011210612	男	内蒙古通辽	1993-10-16	回	420	团员
李勇	2012210607	男	内蒙古通辽	1992-9-26	汉	380	团员
包晓军	2011210606	男	内蒙古通辽	1996-1-20	蒙	360	团员
刘琦	2012238105	男	内蒙古临河	1991-11-8	汉	310	团员
张波	2012237812	男	内蒙古呼和浩特	1988-4-18	汉	276	团员
郭晓坤	2011220209	男	内蒙古呼和浩特	1990-10-20	汉	360	中共预备党
张丽	2012239764	男	内蒙古呼和浩特	1988-3-21	汉	460	团员
黄磊	2012228606	男	内蒙古赤峰	1989-6-12	汉	460	中共党员
张军	2012210421	男	辽宁沈阳	1994-5-4	汉	300	团员
智芳芳	2012210404	女	内蒙古通辽	1992-1-16	汉	290	团员
刘燕	2012239735	女	内蒙古集宁	1990-8-10	蒙	240	团员
王琨	2012228664	女	内蒙古呼和浩特	1994-3-26	汉	380	群众
张雪	2012228613	女	内蒙古包头	1993-2-10	汉	400	团员
王杰	2012228606	女	内蒙古包头	1992-6-20	汉	350	团员
刘红	2011228613	女	北京	1990-10-12	满	410	中共党员

记录: 第1项(共16项) 无筛选器 搜索

图2-81 排序后的"学生表"记录

如要取消上面的排序操作结果，可单击"开始"选项卡"排序和筛选"组中的"清除所有排序"按钮 🔌，Access 将按照该表原来的顺序显示记录。

小　结

对于已经定义了主键的数据表，Access 通常是按照主键字段值的升序来排列和显示表中各条记录的。此外，Access 也允许另行根据需要对各条记录依据一个或多个字段值的大小重新按升序（从小到大）或降序（从大到小）排列显示。

依据某个字段值的大小排序时，数字类型的数据将按其数值大小排序；文字类型的数据则通常按其对应 ASCII 码的大小（汉字按其拼音字母顺序）排列。日期/时间类型的数据也可以按其大小排列，日期/时间在前面为小，日期/时间在后面为大。此外，备注型、超链接或 OLE 对象型的字段数据，则不能进行排序。

任务10　筛选学生表的数据

任务描述

➢ 筛选满族学生

➢ 筛选汉族学生

➢ 筛选所有的团员

➢ 筛选所有的男生或者1995年之后出生的学生的记录，并按入学成绩进行排序

任务分析

当表中记录较多时，查阅表中数据会很不方便，此时可令表中仅显示符合条件的记录，将不需要的记录隐藏，从而节省查询时间。

本任务中，使用简单筛选筛选满族学生的记录；使用筛选器筛选汉族学生；通过窗体筛

选筛选出所有团员的记录；使用高级筛选筛选出男生或者 1995 年以后出生的学生的记录。

任务实施

任务 10 - 1 使用简单筛选筛选"满族"学生

步骤 1. 打开"教学管理"数据库中的"学生表"，进入该表的数据表视图，在"民族"列中的任意位置右击鼠标，在弹出的快捷菜单中选择"文本筛选器"，然后选择"等于"命令，如图 2 - 82 所示。

图 2 - 82 筛选数据

步骤 2. 弹出"自定义筛选器"对话框，在文本框中输入"满"，如图 2 - 83 所示，然后单击"确定"按钮，筛选结果如图 2 - 84 所示。

步骤 3. 单击"排序筛选"组中的 切换筛选 按钮，取消筛选结果，显示全部记录。

图 2 - 83 "自定义筛选器"对话框的设置

图 2 - 84 筛选后的数据表

任务10-2 使用筛选器筛选汉族学生的记录

步骤1. 打开"学生表",进入该表的数据表视图,单击"民族"字段列中的小箭头,弹出筛选器。

步骤2. 在筛选器中的列表框中通过选择不同的复选框,可以设定不同的筛选条件,本任务中选中"汉"复选框,如图2-85所示。

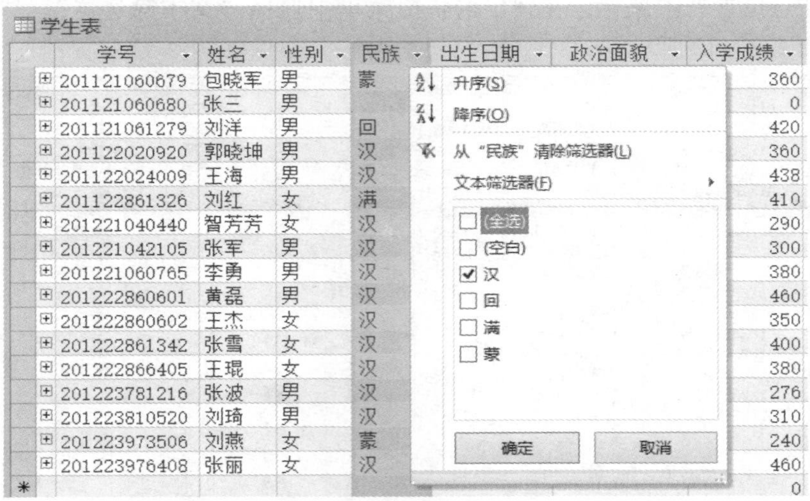

图2-85 筛选器的选择

步骤3. 单击"确定"按钮,完成筛选,筛选结果如图2-86所示。

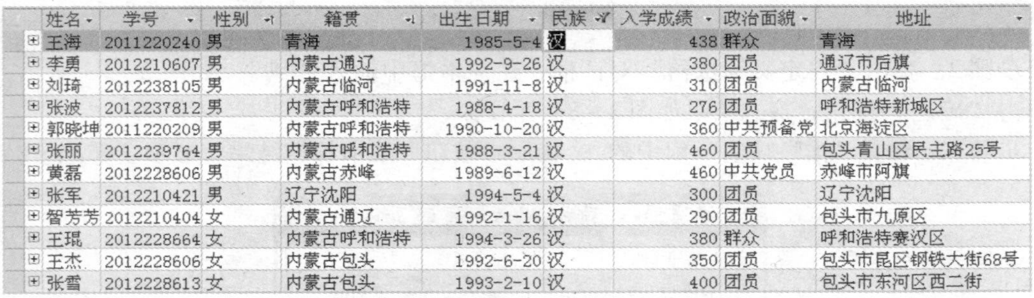

图2-86 通过筛选器的筛选结果

小提示 单击"开始"选项卡"排序和筛选"组中的"筛选器"按钮,也可打开筛选器。

任务10-3 通过窗体筛选筛选出所有团员的记录

步骤1. 打开"学生表"的数据表视图。

步骤2. 单击"开始"选项卡"排序和筛选"组中的"高级筛选选项"按钮,在弹出的菜单中选择"按窗体筛选"命令,如图2-87所示。

图 2 - 87　选择 "按窗体筛选" 命令

步骤 3. 打开 "按窗体筛选" 界面，在 "政治面貌" 字段列的下拉列表中选择 "团员"
选项，如图 2 - 88 所示。

图 2 - 88　选择政治面貌

步骤 4. 在 "政治面貌" 字段列中右击鼠标，在弹出菜单中选择 "应用筛选/排序" 命
令，如图 2 - 89 所示，筛选结果如图 2 - 90 所示。

图 2 - 89　选择 "应用筛选/排序" 菜单

姓名	学号	性别	籍贯	出生日期	民族	入学成绩	政治面貌	地址
刘洋	2011210612	男	内蒙古通辽	1993-10-16	回	420	团员	通辽市
李勇	2012210607	男	内蒙古通辽	1992-9-26	汉	380	团员	通辽市后旗
包晓军	2011210606	男	内蒙古通辽	1996-1-20	蒙	360	团员	通辽市奈曼旗
刘琦	2012238105	男	内蒙古临河	1991-11-8	汉	310	团员	内蒙古临河
张波	2012237812	男	内蒙古呼和浩特	1988-4-18	汉	276	团员	呼和浩特新城区
张丽	2012239764	男	内蒙古呼和浩特	1988-3-21	汉	460	团员	包头青山区民主路25号
张军	2012210421	男	辽宁沈阳	1994-5-4	汉	300	团员	辽宁沈阳
智芳芳	2012210404	女	内蒙古通辽	1992-1-10	汉	290	团员	包头市九原区
刘燕	2012239735	女	内蒙古集宁	1990-8-10	蒙	240	团员	包头东河区公七街
王杰	2012228606	女	内蒙古包头	1992-6-20	汉	350	团员	包头市昆区钢铁大街6号
张雪	2012228613	女	内蒙古包头	1993-2-10	汉	400	团员	包头东河区西二街

图 2 - 90　筛选结果

备注：在设置筛选条件时也可以设置逻辑运算符，例如，筛选 1992 - 1 - 1 以后出生的学生，在"出生日期"字段的"按窗体筛选"字段处输入"＞#1992 - 1 - 1#"，如图 2 - 91 所示，执行筛选，得到的筛选结果如图 2 - 92 所示。

姓名	学号	性别	籍贯	出生日期	民族	入学成绩	政治面貌	地址
				>#1992-1-1#			"团员"	

图 2 - 91　设置逻辑运算符

姓名	学号	性别	籍贯	出生日期	民族	入学成绩	政治面貌	地址
刘泽	2011210612	男	内蒙古通辽	1993-10-16	回	420	团员	通辽市
李勇	2012210607	男	内蒙古通辽	1992-9-26	汉	380	团员	通辽市后旗
包晓军	2011210606	男	内蒙古通辽	1996-1-20	蒙	360	团员	通辽市奈曼旗
张军	2012210421	男	辽宁沈阳	1994-5-4	汉	300	团员	辽宁沈阳
智芳芳	2012210404	女	内蒙古通辽	1992-1-16	汉	290	团员	包头市九原区
王杰	2012228606	女	内蒙古包头	1992-6-20	汉	350	团员	包头市昆区钢铁大
张雪	2012228613	女	内蒙古包头	1993-2-10	汉	400	团员	包头市东河区西二
*		男				0		

图 2 - 92　筛选结果

小提示　默认情况下，各种筛选条件之间是逻辑"与"的关系，若希望在"按窗体筛选"界面中按逻辑"或"关系进行筛选，可单击该界面最下方的"或"选项卡标签，进入逻辑"或"窗体设计界面。

任务 10 - 4　使用高级筛选筛选出男生或者 1995 年以后出生的学生

步骤 1. 选择"开始"选项卡"排序和筛选"组中的"高级筛选选项"下拉列表中的"高级筛选/排序"菜单项，如图 2 - 93 所示。

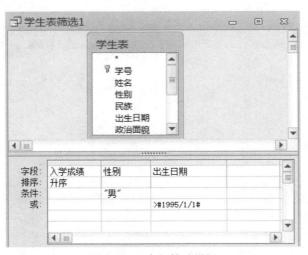

图 2 - 93　高级筛选设置

步骤 2. 选择"开始"选项卡"排序和筛选"组的"高级筛选选项"下拉列表中的"应用筛选/排序"菜单项，结果如图 2 - 94 所示。

学生表										
学号	姓名	性别	民族	出生日期	政治面貌	入学成	地址	照片	籍贯	班级编号
201121060680	张三	男	汉	1991/12/20		230				
201223781216	张波	男	汉	1988/4/18	团员	276	呼和浩特新城		内蒙古呼和浩	Gtdgc1213
201221042105	张军	男	汉	1994/5/4	团员	300	辽宁沈阳		辽宁沈阳	Gjtyy1216
201223810520	刘琦	男	汉	1991/11/8	团员	310	内蒙古临河		内蒙古临河	Gjdsb1220
201122020920	郭晓坤	男	汉	1990/10/20	中共预备党	360	北京海淀区		内蒙古呼和浩	Gtxxh1106
201121060679	包晓军	男	蒙	1996/1/20	团员	360	通辽市奈曼旗	Package	内蒙古通辽	Gjzgc1104
201222866405	王琨	女	汉	1997/3/26	群众	380	呼和浩特赛汉	Package	内蒙古呼和浩	Gjtyy1216
201221060765	李勇	男	汉	1992/9/26	团员	380	通辽市后旗	Package	内蒙古通辽	Gjdsb1220
201121061279	刘洋	男	回	1993/1/20	团员	420	通辽市	Package	内蒙古通辽	Gjzgc1104
201122024009	王海	男	汉	1985/5/4	群众	438	青海	Package	青海	Gtxxh1106
201223976408	张丽	女	汉	1996/8/12	团员	460	包头青山区民	Package	内蒙古呼和浩	Gtdgc1213
201222860601	黄磊	男	汉	1989/6/12	党员	460	赤峰市阿旗		内蒙古赤峰	Gjtyy1217

图 2 - 94　高级筛选之后的结果

小　结

数据表中，如果筛选的字段值为文本，使用文本筛选器筛选；如果是日期类型的数据，则使用"日期筛选器"；如果筛选的条件是某个字段值，可以从列表框中选择指定的复选框；如果需要对筛选条件进行比较或者对筛选结果排序，则使用高级筛选。

任务11　为数据库设置数据库密码

任务描述

为"教学管理"数据库设置数据库密码。

任务分析

为防止他人打开自己的数据库，可以使用"设置数据库密码"命令为数据库设置一个密码，只有知道该密码的用户才能打开这个数据库。

任务实施

步骤1. 启动 Access 2010，在打开的界面中单击"更多…"选项，弹出"打开"对话框，选择"教学管理"数据库文件，单击"打开"按钮上面的下拉按钮，在弹出的下拉列表中选择"以独占方式打开"，如图 2 - 95 所示。

步骤2. 以独占方式打开数据库文件后，单击"文件"选项卡标签，从左侧窗格中选择"信息"选项，单击"信息"组中的"设置数据库密码"按钮，如图 2 - 96 所示。在弹出的"设置数据库密码"对话框中输入密码及与此相同的验证码，如图 2 - 97 所示，单击"确定"按钮完成对"教学管理"数据库文件的加密。

步骤3. 当打开"教学管理"数据文件时，就会弹出"要求输入密码"对话框，如图 2 - 98 所示，输入正确的密码后才可以打开数据库文件。

图 2 – 95 "打开"对话框

图 2 – 96 "文件"选项卡

图 2 - 97　设置数据库密码　　　　　图 2 - 98　"要求输入密码"对话框

小　结

用户给数据库设置了密码，Access 2010 数据库就会对此数据库进行加密，保护该数据库不被别人随意打开。

任务 12　为"教学管理"数据库完成数据的导入

任务描述

将 Excel 文件"铁道交通运营管理 1015 班"导入到"教学管理"数据库中，Excel 工作表的数据如图 2 - 99 所示。

	A	B	C	D
1	学号	学生姓名	成绩	
2	201021050318	康少华	及格	
3	201021050321	李敏	及格	
4	201021050323	刘丹丹	中	
5	201021050333	王秀琪	及格	
6	201021100127	肖艳学	良	
7	201022030239	窦鹏	及格	
8	201022030247	李学武	优	
9	201022030248	李阳	及格	
10	201022030249	练霞霞	优	
11	201022030251	刘智渊	良	
12	201022030253	乔晓娟	优	
13	201022030254	孙佳慧	优	
14	201022030257	王敏	及格	
15	201022030263	杨慧芬	优	
16	201022030264	于海慧	优	
17	201022030266	臧强	中	
18	201022030267	张春霞	良	
19	201022030268	张日虹	优	
20	201022030269	张晓敏	优	
21	201022140001	段敏	优	
22	201022140003	冯雨琴	中	
23	201022140004	高梦丽	良	
24	201022140005	高艳阳	良	
25	201022140006	郭红磊	中	
26	201022140009	金钱敏	中	

成绩表　记分册　名单

图 2 - 99　要导入的 Excel 表

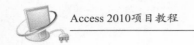

任务分析

在 Access 2010 数据库中，可以方便地将 Excel 工作表中的数据导入到数据表中，其中列标题变为数据表中的字段名，每行数据即是一条记录。

任务实施

步骤 1. 打开"教学管理"数据库后，单击"外部数据"选项卡"导入"组中的 Excel 按钮，弹出"获取外部数据 – Excel 电子表格"对话框，如图 2 – 100 所示。

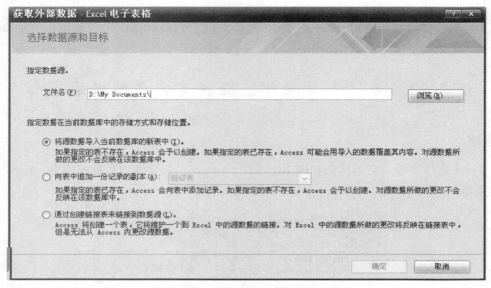

图 2 – 100　选择要导入的 Excel 文件

> **小提示**　如图 2 – 100 所示，如果选择"向表中追加一份记录的副本"单选按钮，则可以选择要添加记录的目标表。此时，如果指定的数据表已经存在，则向数据表中添加记录；如果指定的数据表不存在，则会创建一个单独的数据表。第三个选项的作用，将在"链接数据"中介绍。

步骤 2. 在"获取外部数据 – Excel 电子表格"对话框中，单击"浏览"按钮，在弹出的"打开"对话框中选择桌面文件"铁道交通运营管理 1015 班. xls"，然后在"获取外部数据—Excel 电子表格"对话框中选择"将源数据导入当前数据库的新表中"选项，单击"确定"按钮，如图 2 – 101 所示。

步骤 3. 弹出"导入数据表向导"对话框，可以看到该 Excel 电子表格中共有三张表，选择"显示工作表"单选按钮和"名单"选项，单击"下一步"按钮，如图 2 – 102 所示。

步骤 4. 弹出选定字段名称的界面，勾选"第一行包括列标题"复选框，然后单击"下一步"按钮，如图 2 – 103 所示。

获取外部数据 - Excel 电子表格　　　　　　　　　　　　　　　? ✕

选择数据源和目标

指定数据源。

文件名(F)：E:\文档\access\铁道交通运营管理1015班.xls　　　　　　[浏览(R)...]

指定数据在当前数据库中的存储方式和存储位置。

◉ 将源数据导入当前数据库的新表中(I)。

如果指定的表不存在，Access 会予以创建。如果指定的表已存在，Access 可能会用导入的数据覆盖其内容。对源数据所做的更改不会反映在该数据库中。

○ 向表中追加一份记录的副本(A)：[班级表　　　　▾]

如果指定的表已存在，Access 会向表中添加记录。如果指定的表不存在，Access 会予以创建。对源数据所做的更改不会反映在该数据库中。

○ 通过创建链接表来链接到数据源(L)。

Access 将创建一个表，它将维护一个到 Excel 中的源数据的链接。对 Excel 中的源数据所做的更改将反映在链接表中，但是无法从 Access 内更改源数据。

　　　　　　　　　　　　　　　　　　　[确定]　　[取消]

图 2－101　设置"获取外部数据"对话框

导入数据表向导　　　　　　　　　　　　　　　　　　　　　　✕

电子表格文件含有一个以上工作表或区域。请选择合适的工作表或区域：

◉ 显示工作表(W)　　[成绩表]
○ 显示命名区域(R)　[记分册]
　　　　　　　　　　[名单]

工作表"名单"的示例数据。

1	学号	学生姓名	成绩
2	201021050318	康少华	及格
3	201021050321	李敏	及格
4	201021050323	刘丹丹	中
5	201021050333	王秀琪	及格
6	201021100127	肖艳学	良
7	201022030239	窦鹏	及格
8	201022030247	李学武	优
9	201022030248	李阳	及格
10	201022030249	练霞霞	优
11	201022030251	刘智渊	良

　　　[取消]　[< 上一步(B)]　[下一步(N) >]　[完成(F)]

图 2－102　选择工作表

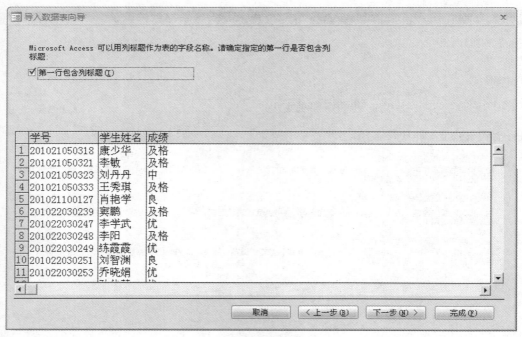

图 2 – 103　选定字段名称

步骤 5. 弹出指定字段界面，单击下方预览窗格中的各个列，可以在上面显示相应的字段信息，设置字段名称、数据类型等参数，最后单击"下一步"按钮，如图 2 – 104 所示。

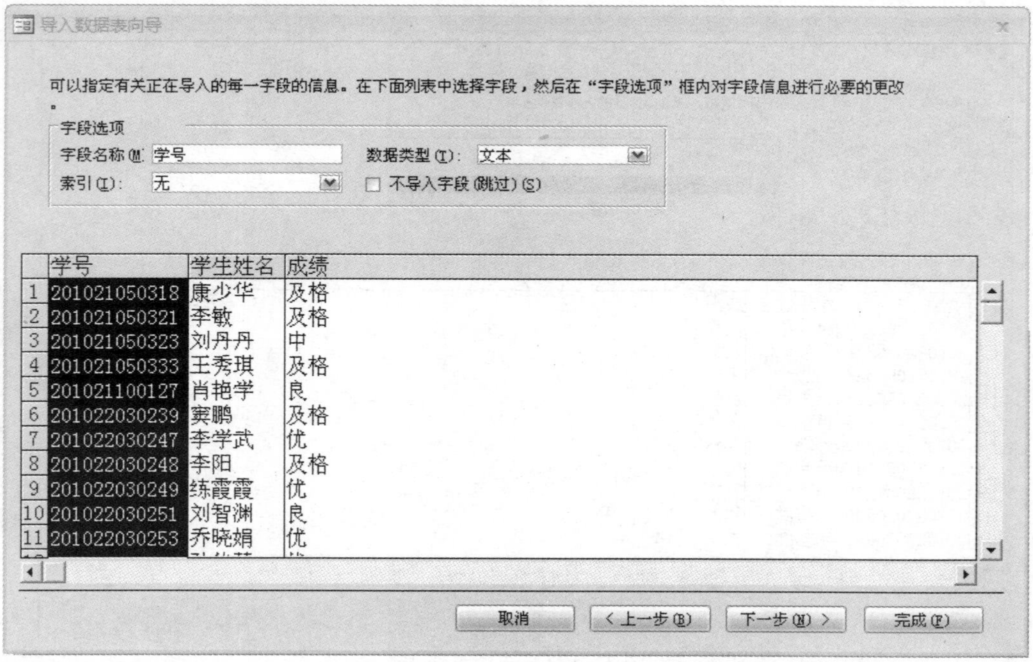

图 2 – 104　设置字段参数

步骤6．弹出设置主键界面，选中"我自己选择主键"选项，并在右侧的下拉列表中选择"学号"字段，然后单击"下一步"按钮，如图2－105所示。

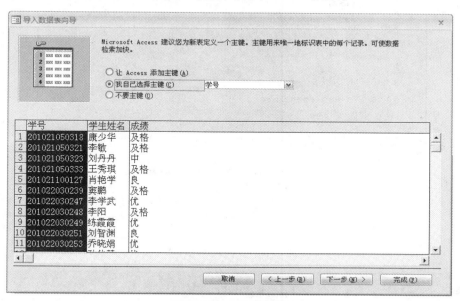

图2－105　设置主键

步骤7．在弹出的界面中输入数据表名称为"铁道交通运营管理1015班成绩"，单击"完成"按钮，如图2－106所示。

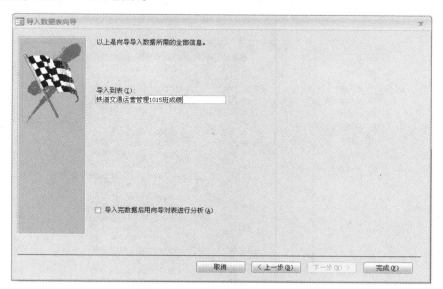

图2－106　输入数据表的名称

步骤8．弹出是否要保存导入步骤的界面，勾选"保存导入步骤"复选框，在"说明"文本框中输入必要的说明信息，单击"保存导入"按钮，完成导入数据和保存导入步骤，如图2－107所示。

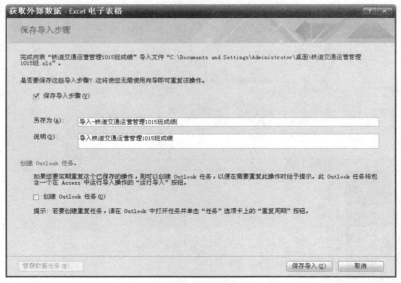

图 2 – 107　保存导入步骤

> **小提示**　保存数据的导入步骤后，下次再导入该表中的数据时，不必通过数据导入向导，可直接在"外部数据"选项卡下"导入"组中单击"已保存的导入"按钮，在弹出的对话框中运行保存的导入步骤即可。

步骤9. 在导航窗格中可以看到"铁道交通运营管理1015班成绩"已经导入，如图2 – 108 所示。

ID	成绩	学号	学生姓名
1	及格	20102105031	康少华
2	及格	20102105032	李敏
3	中	20102105032	刘丹丹
4	及格	20102105033	王秀琪
5	良	20102110012	肖艳学
6	及格	20102203023	窦鹏
7	优	20102203024	李学武
8	及格	20102203024	李阳
9	优	20102203024	练霞霞
10	良	20102203025	刘智渊
11	优	20102203025	乔晓娟
12	优	20102203025	孙佳慧
13	及格	20102203025	王敏
14	优	20102203026	杨慧芬
15	优	20102203026	于海慧
16	中	20102203026	臧强
17	良	20102203026	张春霞
18	优	20102203026	张日虹
19	优	20102203026	张晓敏
20	优	20102214000	段敏
21	良	20102214000	冯雨琴
22	良	20102214000	高梦丽
23	良	20102214000	高艳阳
24	中	20102214000	郭红磊
25	中	20102214000	金钱敏
26	中	20102214001	李青春

图 2 – 108　查看导入的"铁道交通运营管理 1015 班"成绩表

小　结

Access 2010 中，可以导入的外部数据文件的类型有很多，包括 dBASE 文件、Excel 文件、HTML 文件及 XML 文件、文本文件、ODBC 数据库文件等。

任务 13　在"教学管理"数据库中链接数据

任务描述

将文本文件"高中信号 1101 班"（如图 2 – 109 所示）中的数据链接到"教学管理"数据库。

任务分析

"链接数据"就是将源文件中的数据链接到 Access 数据库表中，源文件中的数据与数据库中的链接数据存在动态的链接关系。

任务实现

步骤 1. 在"教学管理"数据库中单击"外部数据"选项卡"导入"组中的"文本文件"按钮，弹出"获取外部数据 – 文本文件"对话框，如图 2 – 110 所示。

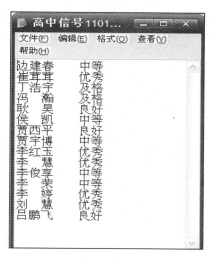

图 2 – 109　高中信号 1101 班 . txt

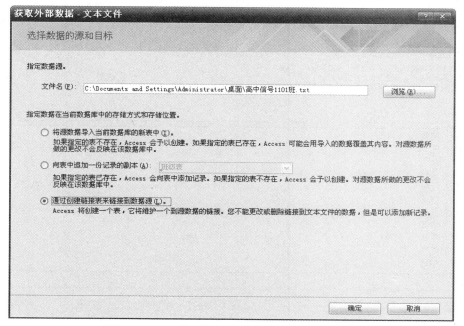

图 2 – 110　"获取外部数据 – 文本文件"对话框

步骤2. 弹出"链接文本向导"对话框，选中"固定宽度"选项，单击"下一步"按钮，如图2-111所示。

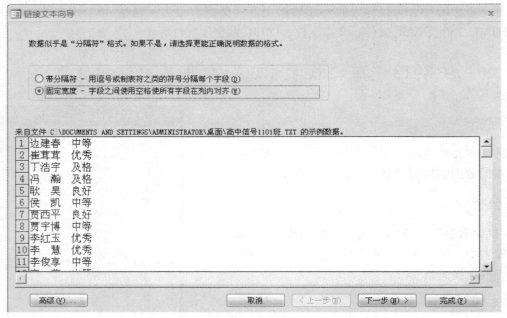

图2-111　调整字段宽度

步骤3. 进入"字段宽度调整"界面，通过对该界面中字段旁的分隔线的拖动，实现对字段宽度的调整，这里保持系统默认，单击"下一步"按钮，如图2-112所示。

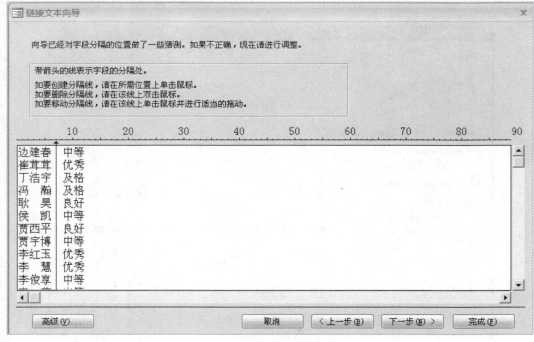

图2-112　调整字段宽度

步骤4. 进入"字段命名"界面，单击"字段1"，在"字段名"文本框中将名称改为"姓名"，同样单击"字段2"，在"字段名"文本框中将名称改为"成绩"，单击"下一步"按钮，如图2-113所示。

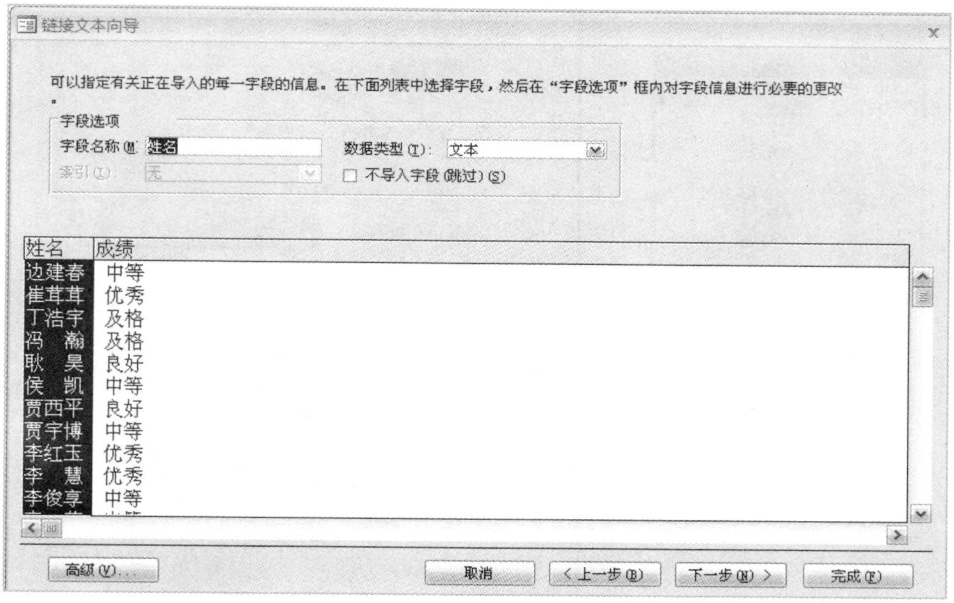

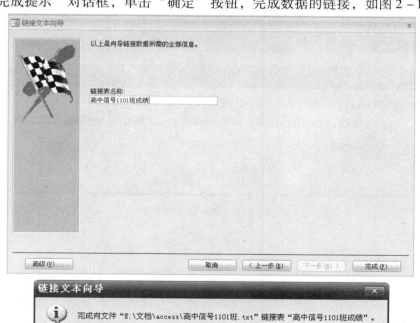

图2-113　设置字段名称

步骤5. 进入"链接文本向导"完成界面，保持系统默认，单击"完成"按钮，弹出"链接数据完成提示"对话框，单击"确定"按钮，完成数据的链接，如图2-114所示。

图2-114　完成数据的链接

步骤6. 在"教学管理"数据库的导航窗格中，双击"高中信号1101班成绩"项，将打开如图2-115所示的数据表，从该表中可以看到原文件数据和Access表中数据也会一同改变。

图2-115 查看链接表数据

注意：（1）在导航窗格中选定链接表，按Delete键，系统会弹出如图2-116所示的确认删除对话框。对话框中有提示，用户删除的是数据的链接信息，而不是数据本身。

（2）建立了链接表之后，当在表的"设计视图"中对表的设计进行修改时，就会破坏这种链接，导致数据记录的丢失。

图2-116 确认删除对话框

小 结

Access对来自外部的数据有两种操作方法：导入和链接。导入时将其程序的文件数据直接嵌入到Access表中；链接则只是在Access中保存源数据的地址，源数据没有真正嵌入Access数据库。这两种方法的区别是：导入方式下，源数据的改变不影响Access表中的数据；而链接方式下，源数据所做的任何改变均会影响到Access链接的数据。源文件被修改以后，修改后的结果也会同步显示到目标文件中；当源文件被删除或移走后，链接的数据将不再存在。

任务 14　数据的导出

任务描述

➢ 将"教学管理"数据库中的"学生表"导出为 HTML 文件
➢ 将"教学管理"数据中的"教师表"导出为文本文件

任务分析

利用 Access 2010 数据库"外部数据"选项卡"导出"组中的按钮，可将 Access 数据库中的对象导出到其他数据库、Word 文档、Excel 电子表格、文本文件或 HTML 网页文件等。

任务实施

任务 14 - 1　将"学生表"导出到 HTML 文件

步骤 1. 打开"教学管理"数据库后，在导航窗格中选择"学生表"，切换到"外部数据"选项卡，单击"导出"组中的"其他"按钮，在下拉菜单中选择"HTML 文档"，如图 2 - 117 所示。

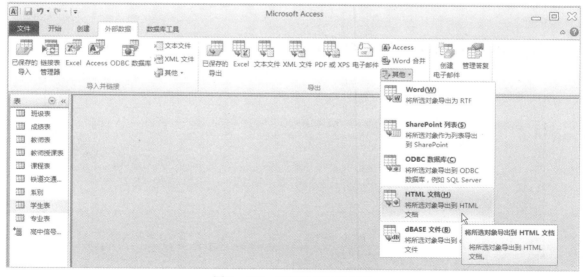

图 2 - 117　选择数据导出类型

步骤 2. 在弹出的"导出 - HTML 文档"对话框中，单击"浏览"按钮，在弹出的"保存文档"对话框中选择存储地址，单击"保存"按钮，回到"导出 - HTML 文档"对话框，单击"确定"按钮，如图 2 - 118 所示。

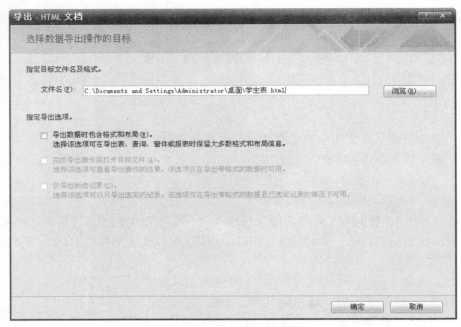

图2-118　选择存储地址

步骤3. 弹出是否要保存导出步骤的界面，勾选"保存导出步骤"复选框，在"说明"文本框中输入必要的说明信息，单击"保存导出"按钮，完成导出数据和保存步骤，如图2-119所示。

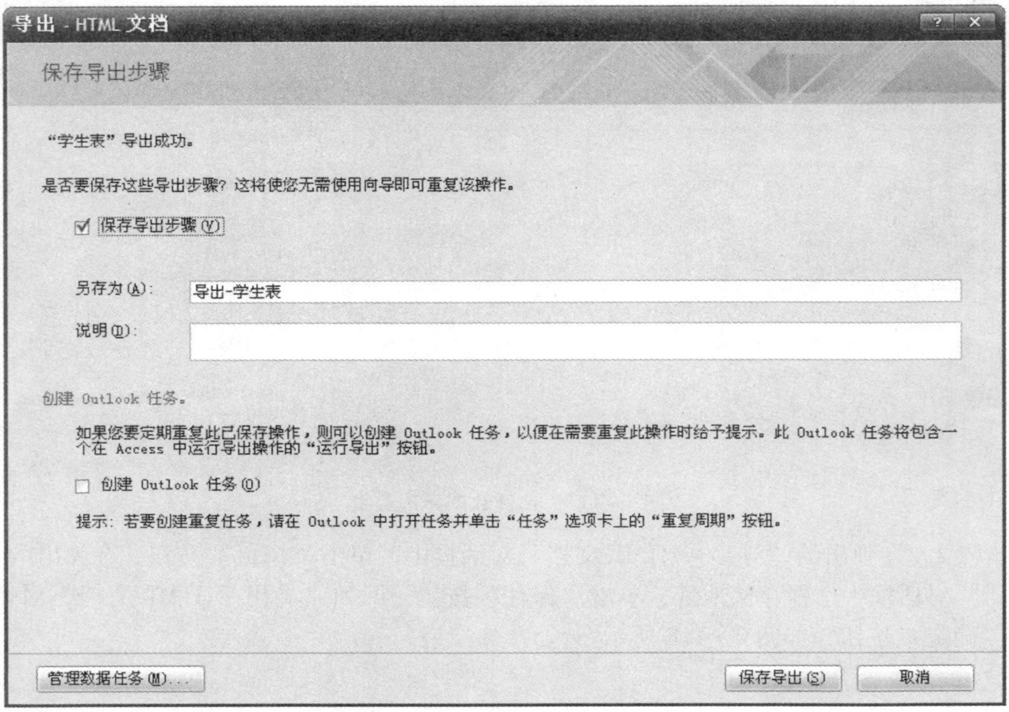

图2-119　保存导出步骤

步骤4. 打开刚才导出的"学生表"HTML 文件所在的文件夹，双击该文件，打开"学生表"HTML 文件（如图 2-120 所示），从图中可以看到导出的数据在该文件中仍然以表的形式存在。

图 2-120 导出的文件

小提示 保存数据的导出步骤后，下次再导出该表中的数据时，不必通过数据导出向导，可直接在"外部数据"选项卡下"导出"组中单击"已保存的导出"按钮，在弹出的对话框中运行保存的导出步骤即可。

任务 14-2 将教师表导出到文本文件

步骤1. 打开"教学管理"数据库后，在导航窗格中选择"教师表"，切换到"外部数据"选项卡，单击"导出"组中的"文本文件"按钮，弹出"导出 - 文本文件"对话框，如图 2-121 所示。

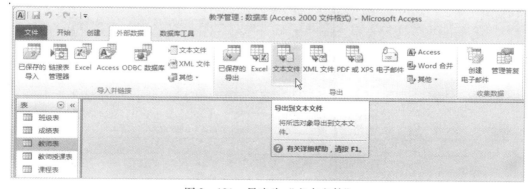

图 2-121 导出为"文本文件"

步骤2. 单击"浏览"按钮，在弹出的"保存文件"对话框中选择存储地址，单击"保存"按钮，返回"导出-文本文件"向导，单击"确定"按钮，如图2-122所示。

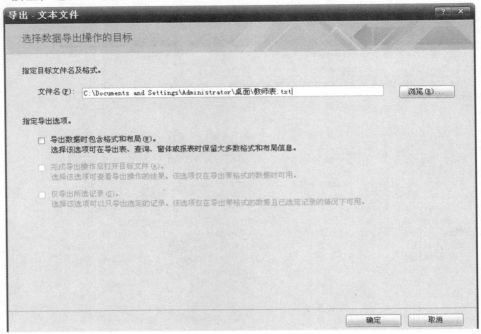

图2-122 "导出-文本文件"向导

步骤3. 打开选择导出格式界面，选中"带分隔符"选项，然后单击"下一步"按钮，如图2-123所示。

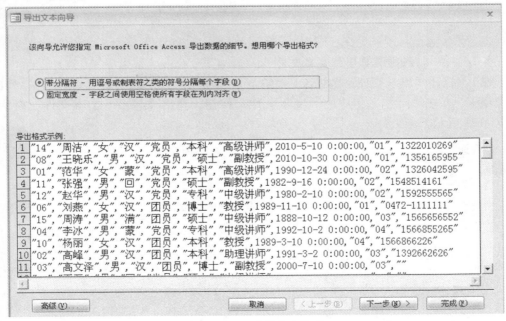

图2-123 选择导出格式

步骤4. 打开设置分隔符的界面，这里选择"逗号"单选项，单击"下一步"按钮，如图2-124所示。

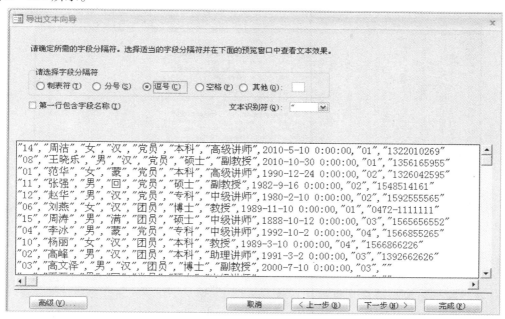

图2-124 设置分隔符

步骤5. 在打开的"完成"界面中单击"完成"按钮（如图2-125所示），在弹出的保存导出步骤界面中保存导出步骤，完成数据表的导出操作。

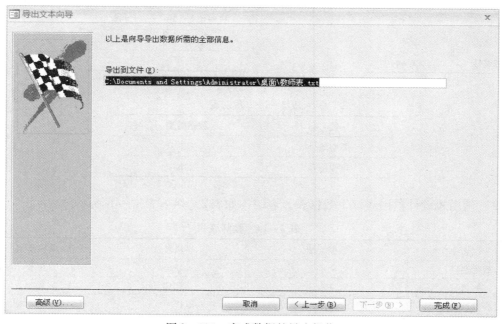

图2-125 完成数据的导出操作

步骤6. 进入目标文件夹，双击打开导出的文本文件，可以看到数据的导出结果，如图2－126所示。

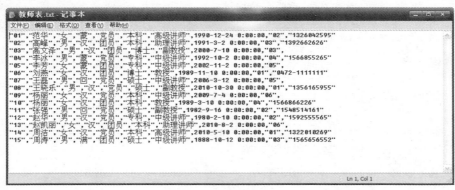

图2－126 数据的导出结果

实 训

1. 在"教学管理"数据库中创建数据表。

（1）使用直接输入数据法创建以下数据表，数据表的表结构如表2－11～表2－13所示。

表2－11 专业表

字段名称	数据类型
专业代码	文本
专业名称	文本
系别编号	文本

表2－12 班级表

字段名称	数据类型
班级编号	文本
班级名称	文本
专业代码	文本

表2－13 系别表

字段名称	数据类型
系别编号	文本
班级编号	文本

（2）使用表设计器创建以下数据表，表结构如表2－14～表2－16所示。

表2－14 教师表

字段名称	数据类型	字段名称	数据类型
教师编号	文本	学历	文本
姓名	文本	职称	文本
性别	文本	工作时间	日期/时间
民族	文本	系别	文本
政治面貌	文本	联系电话	文本

表 2-15 课程表	
字段名称	数据类型
课程号	文本
课程名	文本
是否必修	是/否
考试类别	文本
学时	数字
学分	数字

表 2-16 教师授课表	
字段名称	数据类型
授课 ID	自动编号
课程编号	文本
教师编号	文本
班级编号	文本
学年	文本
学期	数字

（3）在数据表中，输入记录。

2．设计并创建"图书管理"数据库，并创建数据表。

（1）使用直接输入数据法创建以下数据表，表结构如表 2-17 ~ 表 2-19 所示。

表 2-17 图书分类表	
字段名称	数据类型
书类编号	文本
书类名称	文本

表 2-18 订单交易表	
字段名称	数据类型
订单编号	自动编号
会员编号	文本
订购日期	日期/时间

表 2-19 订单详细信息表

字段名称	数据类型	字段名称	数据类型
订单编号	数字	书号	文本
商品数量	数字	消费金额	货币

（2）使用表设计器创建以下数据表，表结构如表 2-20 ~ 表 2-22 所示。

表 2-20 图书信息表

字段名称	数据类型	字段名称	数据类型
书号	文本	市场价格	货币
书名	文本	销售价格	货币
作者	文本	封面	OLE 对象
出版社	文本	库存	数字
出版日期	日期/时间	ISBN	文本
书类编号	文本		

表 2-21 购物车表

字段名称	数据类型	字段名称	数据类型
购物车编号	文本	数量	数字
会员编号	文本	价格	货币
书号	文本	购买日期	日期/时间

表 2 – 22　会员信息表

字段名称	数据类型	字段名称	数据类型
会员编号	文本	联系电话	文本
会员名称	文本	联系地址	文本
密码	文本	地区	文本
E – mail	超链接		

（3）在每个数据表中输入 5 条记录。

3．字段属性的设置。

（1）将"图书管理"数据库中"图书信息表"中的"书类编号"的输入掩码设置为"000"，"出版日期"的输入掩码设置为"短日期"。

（2）为计算机设备租赁数据库的"设备表"中"押金"字段设置默认值为 1000，为"租赁表"中"租期"字段默认值设置为"Date（）"。

（3）打开"计算机设备租赁"数据库，打开客户表，将性别字段的有效性规则设置为："男" or "女"，在"有效性文本"文本框中输入：请输入"男" or "女"。地址的有效性规则设置为："朝阳区" or "东城区" or "西城区" or "海淀区"，有效性文本是"超出了客户地址范围，请重新输入！"。

（4）为教学管理数据库的"学生表"中"性别"字段设置默认值为"男"，"政治面貌"设置默认值为"团员"。

4．使用查询向导，对数据表中字段设置查阅列表。

（1）将"图书管理"数据库中"购物车"数据表中"会员编号"字段设置查阅向导，数据来源为"会员信息表"中的"会员编号"字段。

（2）将"计算机设备租赁"数据库中"租赁表"中"设备 ID"字段设置查阅向导，数据来源为"设备表"中的"设备 ID"字段，将"租赁表"中"客户 ID"字段设置查阅向导，数据来源为"客户表"中的"客户 ID"字段。

5．设置主键。

（1）为图书管理数据中"图书信息表"、"图书分类表"、"会员信息表"、"购物车表"（将购物车编号、会员编号、书号设置为 3 个字段的多字段主键）、"订单详细信息表"（将订单编号和书号设置为联合主键）和"订单交易表"分别设置主键。

（2）为计算机设备租赁数据库中"客户表"、"设备表"和"租赁表"（将设备 ID 和客户 ID 设置为联合主键）分别设置主键。

6．索引。

（1）为图书管理数据库"图书信息表"创建单字段索引，完成"出版日期"升序索引。为"会员信息表"创建单字段索引，完成"地区"降序索引。

（2）为"计算机设备租赁"数据库中"客户表"创建多字段索引，完成"性别"降序、"地址"升序的索引，为"设备表"创建单字段索引，完成"类别"降序索引。

7．建立表关系。

（1）对"图书管理"数据库建立表关系，如图 2 – 127 所示。

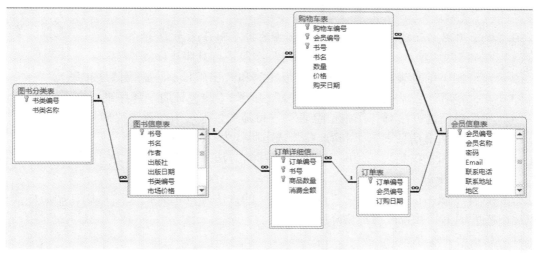

图 2 – 127 "图书管理"数据库表关系

（2）打开"图书管理"数据库，编辑"图书信息表"和"购物车表"之间的关系，删除"订单信息表"和"订单表"之间的关系，清除所有布局。

（3）对"电脑设备租赁"数据库建立表关系，如图 2 – 128 所示。

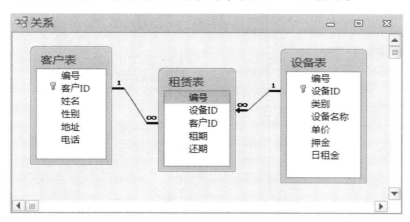

图 2 – 128 "计算机设备租赁"数据库表关系

8. 查找数据。

（1）在"图书管理"数据库中的图书信息表的"书名"列查找值为"呼啸山庄"的数据，查找出版社为"人民邮电出版社"的数据。

（2）打开"计算机设备租赁"数据库，打开"客户表"，将"地址"字段中值为"朝阳区"的数据全部替换为"北京朝阳区"，将"姓名"字段中值为"兰岚"的数据替换为"兰晓岚"。

9. 打开"图书管理"数据库，打开"图书信息表"，调整数据表的外观。

（1）将"销售价格"字段移动到"出版社"之前，调整全表的行高和列宽。

（2）隐藏 ISBN 字段列，然后再予以显示。

（3）冻结"书名"列，然后再取消对所有列的冻结，冻结"书名"和"作者"两个字段。

10. 打开“图书管理”数据库，完成数据的排序和筛选。

(1) 在“订单表”中，按照“订购日期”字段进行升序排序。

(2) 在“图书信息表”中，按照“出版社”和“出版日期”进行降序排序。

(3) 在“购物车”表，按照“会员编号”升序、“购买日期”降序进行高级排序。

(4) 用简单筛选方法对“图书信息表”进行筛选，筛选出作者为“雨果”的记录。

(5) 打开“图书信息表”，用筛选器筛选出版社为“人民邮电出版社”的记录。

(6) 打开“图书信息表”，用“按窗体筛选的方法”筛选出书名为“五十米深蓝”并且在2000年之后出版的图书信息。

(7) 打开“图书信息表”，用“高级筛选”的方法筛选出人民文学出版社出版的2005年以后出版的图书，并且按照价格降序排序。

11. 数据的导入导出。

1) 打开“图书管理”数据库，完成下面的要求

(1) 为“图书管理”数据库设置密码，为“计算机设备租赁”数据库设置密码。

(2) 可先创建如图2－129所示这张Excel表，然后导入到“图书管理”数据库中。

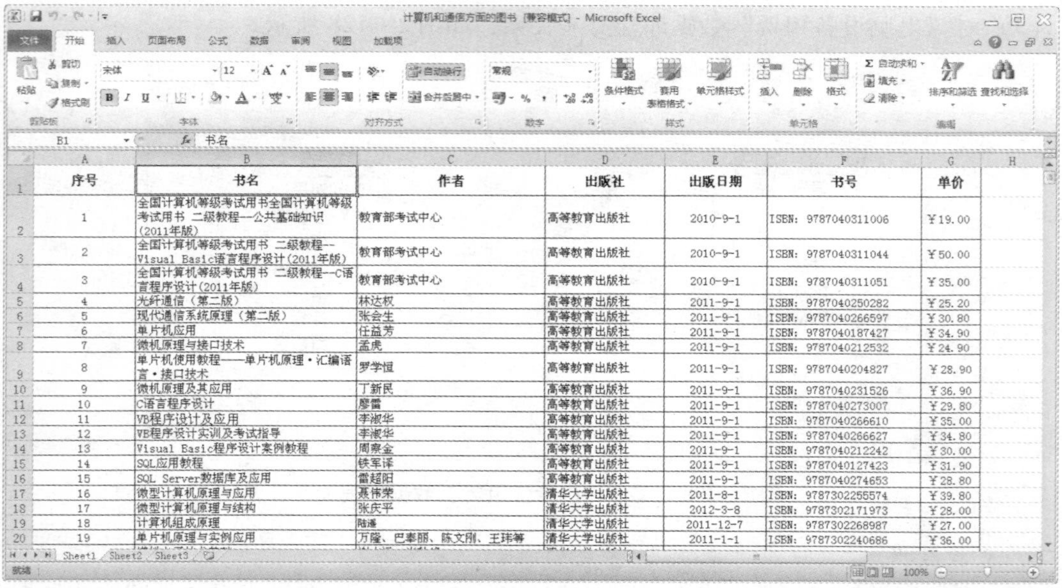

序号	书名	作者	出版社	出版日期	书号	单价
1	全国计算机等级考试用书全国计算机等级考试用书 二级教程--公共基础知识(2011年版)	教育部考试中心	高等教育出版社	2010-9-1	ISBN: 9787040311006	￥19.00
2	全国计算机等级考试用书 二级教程--Visual Basic语言程序设计(2011年版)	教育部考试中心	高等教育出版社	2010-9-1	ISBN: 9787040311044	￥50.00
3	全国计算机等级考试用书 二级教程--C语言程序设计(2011年版)	教育部考试中心	高等教育出版社	2010-9-1	ISBN: 9787040311051	￥35.00
4	光纤通信（第二版）	林达权	高等教育出版社	2011-9-1	ISBN: 9787040250282	￥25.20
5	现代通信系统原理（第二版）	张会生	高等教育出版社	2011-9-1	ISBN: 9787040266597	￥30.80
6	单片机应用	任益芳	高等教育出版社	2011-9-1	ISBN: 9787040187427	￥34.90
7	微机原理与接口技术	孟虎	高等教育出版社	2011-9-1	ISBN: 9787040212532	￥24.90
8	单片机使用教程——单片机原理·汇编语言·接口技术	罗学恒	高等教育出版社	2011-9-1	ISBN: 9787040204827	￥28.90
9	微机原理及其应用	丁新民	高等教育出版社	2011-9-1	ISBN: 9787040231526	￥36.90
10	C语言程序设计	廖雷	高等教育出版社	2011-9-1	ISBN: 9787040273007	￥29.80
11	VB程序设计及应用	李淑华	高等教育出版社	2011-9-1	ISBN: 9787040266610	￥35.00
12	VB程序设计实训及考试指导	李淑华	高等教育出版社	2011-9-1	ISBN: 9787040266627	￥34.80
13	Visual Basic程序设计案例教程	周察金	高等教育出版社	2011-9-1	ISBN: 9787040212242	￥30.00
14	SQL应用教程	铁军译	高等教育出版社	2011-9-1	ISBN: 9787040127423	￥31.90
15	SQL Server数据库及应用	雷超阳	高等教育出版社	2011-9-1	ISBN: 9787040274653	￥28.80
16	微型计算机原理与应用	聂伟荣	清华大学出版社	2011-8-1	ISBN: 9787302255574	￥39.80
17	微型计算机原理与结构	张庆平	清华大学出版社	2012-3-8	ISBN: 9787302171973	￥28.00
18	计算机组成原理	陆遥	清华大学出版社	2011-12-7	ISBN: 9787302268987	￥27.00
19	单片机原理与实例应用	万隆、巴奉丽、陈文刚、王玮等	清华大学出版社	2011-1-1	ISBN: 9787302240686	￥36.00

图2－129 计算机和通信方面的图书. xls

(3) 将“图书信息表”和“会员信息表”分别导出为HTML文件。

(4) 将文本文件“计算机和通信方面的图书. txt”（如图2－130所示）中的数据链接到“图书管理”数据库。

2) 打开“计算机设备租赁”数据库，将“设备表”和“客户表”分别导出为文本文件

```
📄 计算机和通信方面的图书.txt - 记事本                                    ─ □ ✕
文件(F)  编辑(E)  格式(O)  查看(V)  帮助(H)
全国计算机等级考试用书全国计算机等级考试用书 二级教程--公共基础知识(2011年版)          ￥19.00  ▲
全国计算机等级考试用书 二级教程--Visual Basic语言程序设计(2011年版)               ￥50.00
全国计算机等级考试用书 二级教程--C语言程序设计(2011年版)                         ￥35.00
光纤通信（第二版）                                                        ￥25.20
现代通信系统原理（第二版）                                                  ￥30.80
单片机应用                                                             ￥34.90
微机原理与接口技术                                                        ￥24.90
单片机使用教程——单片机原理·汇编语言·接口技术                                  ￥28.90
微机原理及其应用                                                          ￥36.90
C语言程序设计                                                           ￥29.80
VB程序设计及应用                                                         ￥35.00
VB程序设计实训及考试指导                                                    ￥34.80
Visual Basic程序设计案例教程                                             ￥30.00
SQL应用教程                                                            ￥31.90
SQL Server数据库及应用                                                  ￥28.80
微型计算机原理与应用                                                       ￥39.80
微型计算机原理与结构                                                       ￥28.00
计算机组成原理                                                          ￥27.00  ▼
                                                            Ln 1, Col 1
```

图2－130　"计算机和通信方面的图书"文本文件

思考与练习

一、填空题

1. 在 Access 2010 中创建表主要有三种方法，分别为（　　　　　）、（　　　　　）和（　　　　　）。

2. Access 数据库共提供了 10 种字段数据类型，它们是（　　　　　）、（　　　　　）、（　　　　　）、（　　　　　）、（　　　　　）、（　　　　　）、（　　　　　）、（　　　　　）、（　　　　　）、（　　　　　）。

3. 为了表示表中记录的唯一性，通常每个表都需要设置（　　　），设为（　　　）的字段通常为数字型字段，其内容不能重复。

4. 如果需要将某"文本"型字段的输入字符限制为 10 字符，需要将字段的（　　　）属性设置为（　　　　）。

5. Access 中的表关系类型共有（　　　　　）、（　　　　　）、（　　　　　）三种。

6. 使用（　　　　　）设置字段数据类型时，将引用其他表中的字段，并与所引用的字段建立关系。

7. 在 Access 中采用（　　　　　）技术，用户可以方便地创建和编辑多媒体数据库。

8. 利用 Access 数据库"外部数据"选项卡"导出"组中的按钮，可将 Access 数据库中的对象导出到其他数据库、（　　　　　）、（　　　　　）、（　　　　　）或 HTML 网页文件等。

二、简答题

1. 简述什么是参照完整性，实施参照完整性必须遵守的规则是什么。

2. 叙述什么是 Access 数据库的导入数据和链接数据，以及它们的区别。

3. 在 Access 中如何创建两张表之间的多对多关系？

4. 建立索引的目的是什么？

5. 字段属性中的"格式"和"输入掩码"的作用是什么？

6. 打开表之后，什么时候应在数据表视图中工作？什么时候应在设计视图中工作？

7. Access 提供的筛选记录的方法有哪几种？各有什么特点？

项目 3

查询的创建与应用

● 学习目标

❈ 了解查询的功能和类型

❈ 熟悉创建查询的方法

❈ 了解运算符和函数的功能，掌握查询条件表达式的设置操作

❈ 熟练掌握建立选择查询的操作

❈ 熟练掌握建立参数查询的操作

❈ 熟练掌握建立交叉表查询的操作

❈ 熟练掌握建立操作查询的操作

❈ 了解 SQL 查询的特点，掌握 SQL 查询的应用操作

预备知识

数据库创建之后，用户需要方便、快捷地从中检索出所需要的各种数据。Access 的查询对象是数据库中进行数据检索和数据分析的强有力的工具，它不仅可以对数据库中的一个或多个表中的数据信息进行查找、汇总和排序，而且能对记录进行更新、删除和追加等多种操作，供用户查看、统计、分析和使用。

1. 查询的功能

查询是 Access 数据库系统中一个非常重要的对象，查询最主要的目的是根据用户指定的条件从数据库的表或查询中筛选出符合条件的记录，构成一个新的数据集合，从而方便地对数据表进行查看和分析。查询对象的具体功能如下。

（1）查询可以从一个或多个表和查询中查询数据。

（2）查询不仅可以检索数据库中的数据，还可以对数据库中的数据进行更新、删除和追加等编辑操作。

（3）查询通过指定准则（查询条件）来限制结果集中所要显示的记录，并指定记录的排列次序。

（4）查询可以对数据源中的数据进行汇总计算。

（5）查询的结果会随着数据表中的信息的改变而改变。

（6）查询可以作为窗体、报表的数据源。

（7）可在结果集的基础上建立图表，从图表可以得到直观的图像信息。

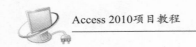

2. 查询的类型

在 Access 中，查询包括选择查询、交叉表查询、参数查询、操作查询和 SQL 查询。

1）选择查询

选择查询是最常用的查询类型，它依据指定的条件从一个或多个表中检索数据，也可以对记录进行分组，并且对记录进行总计、计数、平均值以及其他类型的汇总计算，而且还可以按照需要的次序显示数据。

2）交叉表查询

交叉表查询可以对表或查询中的数据进行汇总，并重新组织数据，一组显示在数据表的上部，一组显示在数据表的左侧，汇总数据将显示在数据表的行列交叉处。

3）参数查询

参数查询是一种使用对话框来提示用户输入查询条件的查询，参数查询根据用户输入的条件检索出符合条件的数据，使查询更加灵活。

4）操作查询

操作查询通过一次操作可以对符合条件的记录进行更新、删除、追加等编辑操作。操作查询包括更新查询、删除查询、追加查询和生成表查询。

（1）更新查询：可以对一个或多个表中的一组记录进行批量更改。

（2）删除查询：从一个或多个表中删除一组记录。

（3）追加查询：可将一个或多个表中的一组记录添加到一个或多个表的尾部。

（4）生成表查询：将一个或多个表中的满足条件的数据保存为一个新的数据表。

5）SQL 查询

SQL 查询就是使用 SQL 语句创建的查询。SQL 语句不仅能够用来查询数据库，而且可以实现表的创建、删除、表结构的修改和记录的编辑查询等操作。

任务 1   查询向导的应用

任务描述

使用查询向导完成以下查询操作：

➢ 查询学生的学号、姓名、性别、民族和籍贯等基本信息

➢ 查询每门课程的平均分、最高分和最低分

➢ 使用查询向导显示所有学生的课程成绩

➢ 查询每门课程的选课人数

➢ 查询没有成绩的学生，显示学生的学号和姓名

任务分析

在 Access 中，可以通过 3 种方法创建查询，分别是使用查询向导、查询设计视图和 SQL 视图。使用查询向导可以创建简单的选择查询、进行交叉表查询、在表中查找重复的值以及

查询表之间不匹配的记录。Access 提供了 4 种查询向导，即简单查询向导、交叉表查询向导、查找重复项查询向导和查找不匹配项查询向导，用户根据所要创建的查询类型来选择不同的查询向导进行创建查询。

任务实施

任务 1 - 1　查询学生的学号、姓名、性别、民族和籍贯等基本信息

步骤 1．启动查询向导。打开"教学管理"数据库，在"创建"选项卡中单击"其他"组中的"查询向导"按钮，如图 3 - 1 所示。

步骤 2．选择查询向导类型。在"新建查询"对话框中，选择"简单查询向导"，然后单击"确定"按钮，如图 3 - 2 所示。

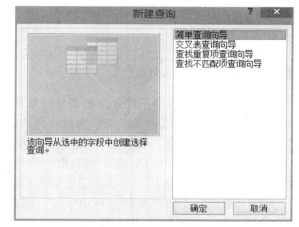

图 3 - 1　"其他"组　　　　　　　　图 3 - 2　"新建查询"对话框

步骤 3．选择要查询的表和字段。在"简单查询向导"对话框中，从"表/查询"下拉列表中选择"学生表"，并从"可用字段"列表框中依次选择"学号"、"姓名"、"性别"、"民族"和"籍贯"字段，然后单击 ＞ 按钮，将其依次添加到"选定字段"列表框中，如图 3 - 3 所示。

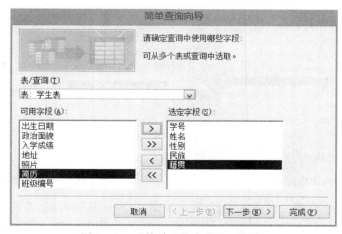

图 3 - 3　"简单查询向导"对话框

步骤4. 设置查询的标题。单击“下一步”按钮，进入如图3－4所示的界面，在“请为查询指定标题”文本框中输入查询的标题，并选择“打开查询查看信息”选项，单击“完成”按钮，在新窗口中显示了查询的信息，如图3－5所示。

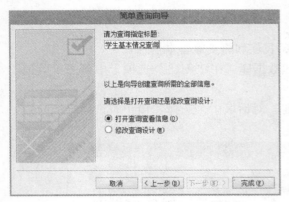

图3－4 查询标题的设置界面

学号	姓名	性别	民族	籍贯
201121060679	包晓军	男	蒙	内蒙古通辽
201121061279	刘洋	男	回	内蒙古通辽
201122020920	郭晓坤	男	汉	内蒙古呼和浩特
201122024009	王海	男	汉	青海
201122861326	刘红	女	满	北京
201221040440	智芳芳	女	汉	内蒙古通辽
201221042105	张军	男	汉	辽宁沈阳
201221060765	李勇	男	汉	内蒙古通辽
201222860601	黄磊	男	汉	内蒙古赤峰
201222860602	王杰	女	汉	内蒙古包头
201222861342	张雪	女	汉	内蒙古包头
201222866405	王琨	女	汉	内蒙古呼和浩特
201223781216	张波	男	汉	内蒙古呼和浩特
201223810520	刘琦	男	汉	内蒙古临河
201223973506	刘燕	女	蒙	内蒙古集宁
201223976408	张丽	女	汉	内蒙古呼和浩特

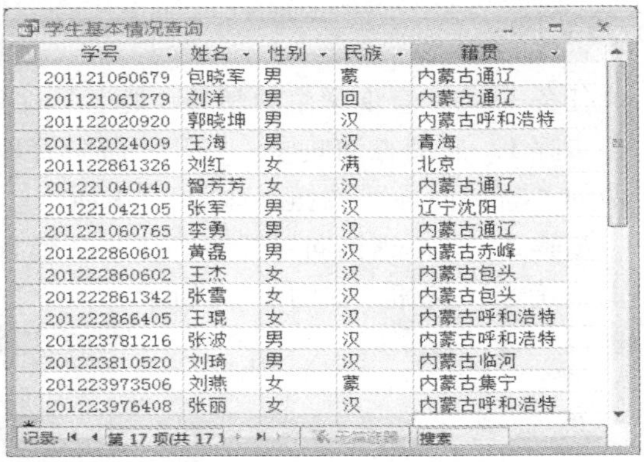

图3－5 查询的显示结果

任务1－2 查询每门课程的平均分、最高分和最低分

步骤1. 启动查询向导，选择简单查询向导。具体步骤见任务1－1。

步骤2. 选择要查询的表和字段。在“简单查询向导”对话框中，从“表/查询”下拉列表中选择“课程表”，从“可用字段”列表框中依次选择“课程号”、“课程名”字段，将其添加到“可用字段”列表框中，如图3－6所示，再从“表/查询”下拉列表中选择“成绩表”，并把“成绩”字段添加到“可用字段”列表框中，如图3－7所示。

小提示 图3－6中的 > 按钮将选定的一个字段添加到“选定字段”列表中； > 按钮表示选定全部字段； >> 按钮表示从“选定字段”列表中删除某个字段； < 按钮则表示从“选定字段”列表中删除所有字段。

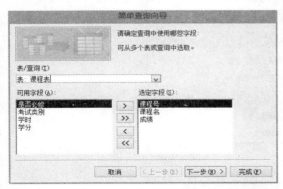

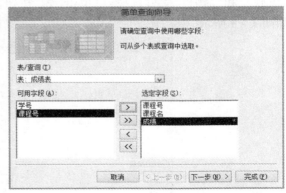

图3－6 课程表中选择字段

图3－7 成绩表中选择字段

步骤3. 选择汇总查询，设置汇总选项。单击“下一步”按钮，进入下一个界面，在“请确定采用明细查询还是汇总查询”中选择“汇总”单选按钮，如图3－8所示。单击“汇总选项”按钮，打开“汇总选项”界面，选择“平均”、“最大”和“最小”下方的复

选框，如图 3 - 9 所示，最后单击"确定"按钮。

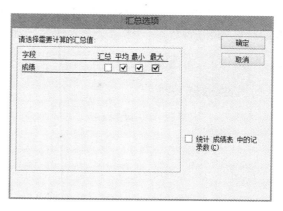

图 3 - 8　确定查询类型　　　　　　　　　　图 3 - 9　"汇总选项"的设置

步骤 4. 输入查询的标题，选择"打开查询查看信息"，如图 3 - 10 所示。

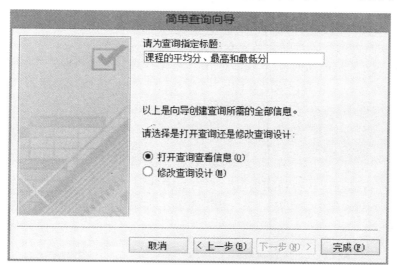

图 3 - 10　查询标题的设置界面

步骤 5. 查看查询结果。单击"完成"按钮，即显示查询的结果，如图 3 - 11 所示。

课程号	课程名	成绩 之 平均值	成绩 之 最小值	成绩 之 最大值
001	高等数学	62.2	19	86
002	大学语文	79.4	70	88
003	政治	74.6	57	90
005	C语言	72.3333333333333	52	89
007	计算机基础	67	50	84
008	铁道概论	79.5	67	92
010	通信原理	80	70	90

图 3 - 11　查询结果

任务1-3 使用查询向导显示如图3-12所示的所有学生课程的成绩

图3-12以交叉表形式显示学生的各门课程的成绩,其中,"学号"、"姓名"称为交叉表的行标题,"课程名"称为交叉表的列标题,行列交叉处显示成绩。

学号	姓名	C语言	大学语文	高等数学	计算机基础	铁道概论	通信原理	政治
2011210606	包晓军		80	72				57
2011220209	郭晓坤		80	60				82
2011220240	王海		70	19				80
2011228613	刘红		79	86				64
2012210404	智芳芳		88	74				90
2012210421	张军	76						80
2012210607	李勇	52			50	92		70
2012228606	黄磊							90
2012228613	张雪							80
2012239764	张丽	89			84	67		

记录:Ⅰ ◀ 第1项(共10项) ▶ ▶Ⅰ 无筛选器 搜索

图3-12 "学生课程成绩交叉表查询"的运行结果

步骤1. 使用简单查询向导,创建所有学生的课程成绩的查询,包括学号、姓名、课程名和成绩字段,保存为"所有学生的课程成绩查询"。

步骤2. 启动查询向导,选择交叉表查询向导。

步骤3. 在"交叉表查询向导"对话框中,选择视图选项组中的"查询"单选按钮,从查询中选择"所有学生的课程成绩查询",单击"下一步"按钮,如图3-13所示。

> **小提示** 在"交叉表查询向导"对话框中的"视图"选项组中包含三个单选按钮,分别是"表"、"查询"和"两者"。"表"单选按钮用于显示数据库中的所有表;"查询"单选按钮用于显示全部查询;"两者"单选按钮用于显示数据库中所有的表和查询。

步骤4. 选择行标题。从"可用字段"列表框中选择"学号"、"姓名"字段,将其添加到"选定字段"列表框中,单击"下一步"按钮,如图3-14所示。

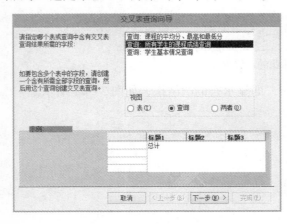

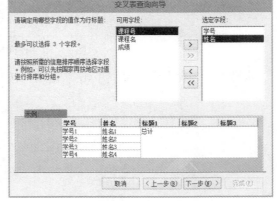

图3-13 选择查询对象　　　　　图3-14 设置行标题

步骤5. 选择列标题。从"可用字段"列表框中选择"课程名"字段,如图3-15所示,再单击"下一步"按钮。

步骤6. 选择行列交叉点显示的汇总字段。在"字段"列表框中选择"成绩"字段,在"函数"列表框中选择"第一项",如图3-16所示,最后单击"下一步"按钮。

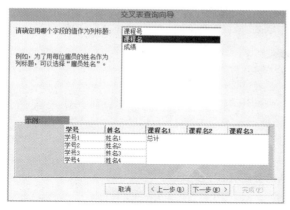

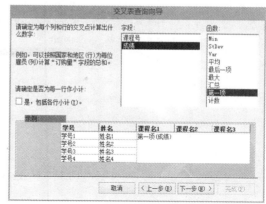

图3-15 设置列标题　　　　　　　　　　　图3-16 设置行列交叉点的值

步骤7.在对话框中输入查询的名称,然后单击"完成"按钮,即可看到如图3-12所示的查询结果。

任务1-4 查询每门课程的选课人数

在教学管理数据库中,虽然没有数据直接体现课程的选课人数,但可以通过统计成绩表中的课程号的出现次数,计算每门课程的选课人数。"查找重复项查询向导"可以统计数据表中某个字段中相同数据的重复次数。

步骤1.打开"新建查询"对话框,选择"查找重复项查询向导",单击"确定"按钮,打开"查找重复项查询向导"对话框。

步骤2.在"查找重复项查询向导"对话框中,选择"成绩表",单击"下一步"按钮,如图3-17所示。

步骤3.从"可用字段"中,选择"课程号"字段,如图3-18所示,最后单击"下一步"按钮。

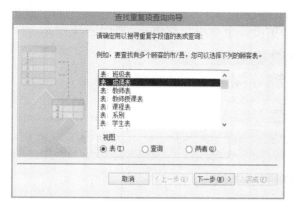

图3-17 选择重复字段值的表或查询　　　　　图3-18 选择包含重复值的字段

步骤4.没有可显示的其他字段,直接单击"下一步"按钮,如图3-19所示。

步骤5.输入查询的名称,单击"完成"按钮,查询的结果如图3-20所示。

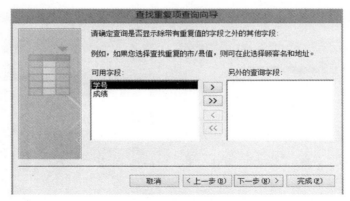

图 3 - 19　选择其他要显示的字段

课程号	NumberO
001	5
002	5
003	5
005	3
007	2
008	2
010	4

图 3 - 20　查询的运行结果

任务 1 - 5　查询没有成绩的学生,显示学生的学号和姓名

没有成绩的学生就是成绩表中没有出现的学生,通过比较学生表和成绩表中的学号字段,可以找出两个表中不匹配的记录。

步骤 1. 启动"查找不匹配项查询向导"。

步骤 2. 选择要新建查询的表"学生表",单击"下一步"按钮,如图 3 - 21 所示。

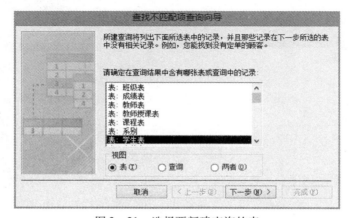

图 3 - 21　选择要新建查询的表

步骤3．选择包含相关记录的表"成绩表"，最后单击"下一步"按钮，如图3－22所示。

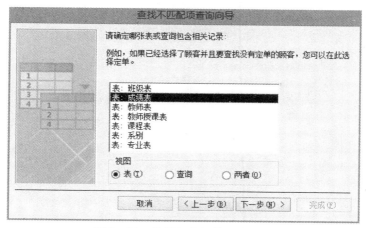

图3－22　选择包含相关记录的表

步骤4．选择进行匹配的字段。分别从两个表中选择"学号"字段，单击 **<=>** 按钮，如图3－23所示。最后单击"下一步"按钮。

步骤5．选择在查询结果中显示的字段。从"可用字段"列表框中选择"学号"、"姓名"字段，添加到"选定字段"列表框中，如图3－24所示，然后单击"下一步"按钮。

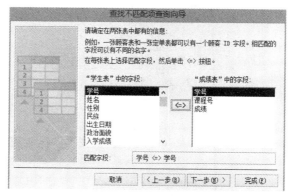

图3－23　选择匹配的字段

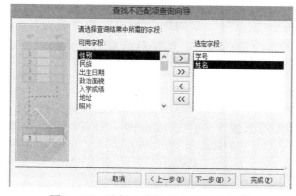

图3－24　选择查询结果中显示的字段

步骤6. 输入查询名称，如图3-25所示，最后单击"完成"按钮，即可看到如图3-26所示的查询结果。

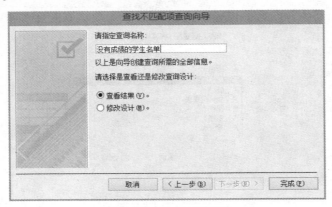

图3-25 输入查询名称

图3-26 查询的结果

小 结

查询向导包括简单查询向导、交叉表查询向导、查找不匹配项查询向导和查找重复项查询向导4种。

1. 简单查询向导

简单查询向导不仅可以从一个或多个表中指定的字段来检索数据，还可以对记录进行分组或对全部记录进行总计、平均值、最大值、最小值和计数计算。如图3-9所示的"汇总选项"对话框中，提供了"汇总"、"平均"、"最小"和"最大"4种汇总方式，分别进行求和、平均值、最大值和最小值的计算。选择对话框右下角的"统计记录数"复选框，可以实现统计计数。

2. 交叉表查询向导

使用交叉表查询向导可以方便快捷地创建交叉表查询。使用交叉表查询向导创建交叉表查询时，查询的数据必须来源于一个表或查询。如果查询结果来自多个表，必须先创建一个查询，把所需要的字段数据添加到一个查询中，再把该查询作为交叉表查询向导的数据源。

3. 查找不匹配项查询向导

查找不匹配项查询向导可以在一个表中找出另一个表中所没有的相关记录。在具有一对多关系的两个数据表中，对于"一"方的表中的每一条记录，在"多"方的表中可能有一条或多条记录与之对应，使用不匹配项查询向导，就可以查找出那些在"多"方表中没有对应记录的"一"方数据表中的记录。

4. 查找重复项查询向导

在数据库中，有时需要对数据表中的一些具有相同值的记录进行检索和分类。利用查找重复项查询向导可以快速地查找出重复项，从而确定表中是否有重复的记录。

任务2　选择查询的应用

任务描述

使用查询设计视图，完成以下查询：

➢ 查询入学成绩在 300～400 分之间的男生的记录，并以入学成绩降序排序

➢ 查询所有女教授和女副教授的信息，显示教师号、姓名、工作时间和联系电话，并以姓名升序排序

➢ 查询 002 课程成绩不及格的学生，显示学号、姓名、成绩和班级名称

➢ 查询 2012 年入学的所有学生的信息，显示学号、姓名、性别和系名，按系名升序排序

➢ 查询没有照片的学生的学号和姓名

➢ 显示每门课程的平均分、最高分和最低分，显示课程号、课程名和成绩

➢ 统计男女学生人数

➢ 查询工龄在 30 年及以上的教师，显示教师号、姓名、性别和工龄，按工龄降序排序

任务分析

使用查询向导虽然可以快速、方便地创建一些选择查询，但不能通过设置准则（查询条件）来限制查询的结果，也无法对查询结果进行排序。有这些需求时，这种简单的查询方式就不能满足用户的需要了。此时，用户可以使用"查询设计视图"创建查询。

任务实施

任务 2-1　查询入学成绩在 300～400 分之间的男生的记录

步骤 1. 启动查询设计视图。单击"创建"选项卡中"其他组"中的"查询设计"按钮，如图 3-1 所示。

步骤 2. 添加要查询的数据表。在"显示表"对话框中，选择"学生表"，单击"添加"按钮将其添加到查询设计视图窗口中，如图 3-27 所示，添加好数据表后关闭"显示表"对话框。

步骤 3. 添加要显示或设置查询条件的字段。从学生表中将"＊"、"入学成绩"和"性别"字段拖曳到字段列表中，如图 3-28 所示。

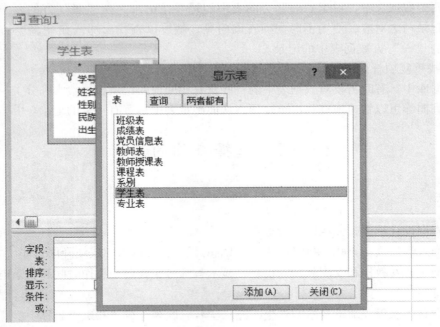

图 3 – 27　选择表

步骤4. 输入查询条件。在"性别"字段的条件文本框中输入"男"，在"入学成绩"字段的条件文本框中输入"＞＝300　And＜＝400"，并且设置为"不显示"，如图 3 – 29 所示。

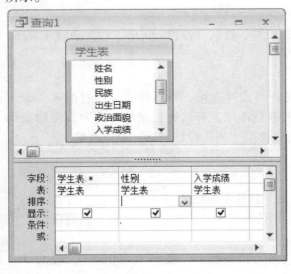

图 3 – 28　添加字段　　　　　　　　　图 3 – 29　设置查询条件

步骤5. 设置排序字段。在"入学成绩"字段的排序行选择"降序"，如图 3 – 30 所示。

步骤6. 运行查询。单击如图 3 – 31 所示的"查询工具"｜"设计"选项卡"结果"组中的"运行"按钮，将显示查询结果，如图 3 – 32 所示。

步骤7. 保存查询。单击标题栏左侧"快速访问工具栏"中的"保存"按钮，弹出

"另存为"对话框，输入查询的名称，然后单击"确定"按钮，如图 3－33 所示。

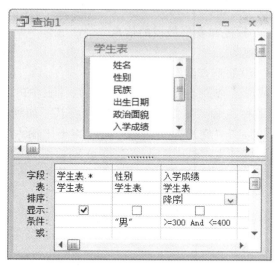

图 3－30　设置排序字段

图 3－31　"结果"组

学号	姓名	性别	民族	出生日期	政治面貌	入学成绩	地址	照片	籍贯	班级编号	简历
201221042105	张军	男	汉	1994/5/4	团员	300	辽宁沈阳		辽宁沈阳	Gjtyy1216	
201221060765	李勇	男	汉	1992/9/26	团员	380	通辽市后旗	Package	内蒙古通辽	Gjdsb1220	
201223810520	刘琦	男	汉	1991/11/8	团员	310	内蒙古临河		内蒙古临河	Gjdsb1220	
201122020920	郭晓坤	男	汉	1990/10/20	中共预备党员	360	北京海淀区		内蒙古呼和浩	Gtxxh1106	
*						0					

图 3－32　查询的运行结果

图 3－33　"另存为"对话框

小提示 "学生表.*"代表学生表中的所有字段。

任务2-2 查询所有女教授和女副教授的信息

步骤1. 启动查询设计视图。

步骤2. 将"教师表"添加到查询设计视图中。

步骤3. 添加要显示或设置查询条件的字段。双击教师表中的"教师编号"、"姓名"、"工作时间"、"性别"、"职称"和"联系电话"字段,将其添加到字段列表中。

步骤4. 输入查询条件。在"性别"字段的条件文本框中输入"女",并且设置为"不显示";在"职称"字段的条件文本框中输入"教授 or 副教授",如图3-34所示。

步骤5. 设置排序字段。在"姓名"字段的排序行选择"升序",如图3-34所示。

步骤6. 运行查询,查看查询结果,如图3-35所示。

步骤7. 保存查询。右击"查询1"窗口的标题栏,在弹出的快捷菜单中选择"保存"命令,如图3-36所示。在"另存为"对话框中输入查询名称"2-2查询女教授副教授的记录",最后单击"确定"按钮。

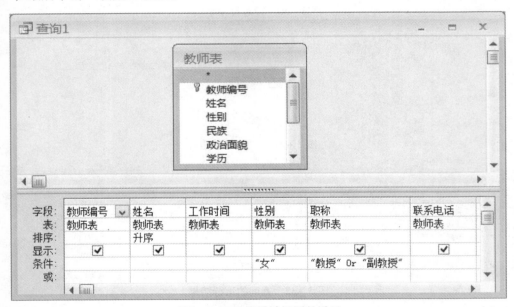

图3-34 查询设计视图的设置

图3-35 查询的运行结果　　　　图3-36 查询的保存命令

小提示 如果要设定的两个条件是"或"的关系,应将其中一个条件放在"条件"行上,而将另一个条件放在"或"行上,如图3-37所示。

图3-37 查询条件为"或"的设置方法

任务2-3 查询002课程成绩不及格的学生

步骤1. 启动查询设计视图。

步骤2. 将"学生表"、"成绩表"和"班级表"添加到查询设计视图窗口中。

步骤3. 添加要显示或设置查询条件的字段。将学生表的"姓名"字段、成绩表的"学号"、"课程号"和"成绩"字段、班级表的"班级名称"字段添加到字段列表中。

步骤4. 输入查询条件。在"课程号"字段的条件文本框中输入"002",并且设置为"不显示",在"成绩"字段的条件文本框中输入"<60",如图3-38所示。

步骤5. 运行查询,查询结果如图3-39所示。

步骤6. 保存查询。

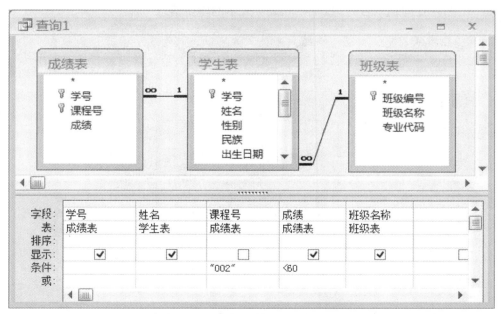

图3-38 查询设计视图的设置界面

图 3－39　查询运行结果

小提示　在 Access 中，从多个表中查询数据，表和表之间必须先创建表之间的关系。例如，在本任务中，学生表和成绩表、班级表和学生表之间分别创建了一对多的关系。

任务 2－4　查询 2012 年入学的所有学生的信息

在"教学管理"数据库中，没有直接保存学生入学年份的字段，但是学生的学号中包含入学年份，即学号的前 4 位。因此，只要学生的学号以 2012 开头，就可以认定是 2012 年入学的学生。

步骤 1．启动查询设计视图，将"学生表"、"班级表"、"专业表"和"系别"添加到查询设计视图中。

步骤 2．将学生表的"学号"、"姓名"、"性别"字段以及系别表的"系别名称"字段添加到字段列表中。

步骤 3．设置查询条件。在"学号"字段的条件文本框中输入"2012＊"，在"系别名称"字段的排序行中选择"升序"，如图 3－40 所示。

步骤 4．运行查询，查询结果如图 3－41 所示。

步骤 5．保存查询，取名为"2－4 2012 年入学的学生信息"。

小提示　在本任务中，根据查询结果中显示的字段，只需要学生表和系别表，但是学生表和系别表不能直接建立关系，所以需要班级表和专业表来关联学生表和系别表。

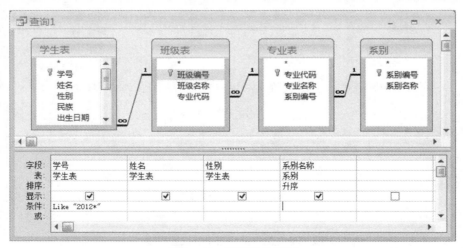

图 3－40　查询设计视图

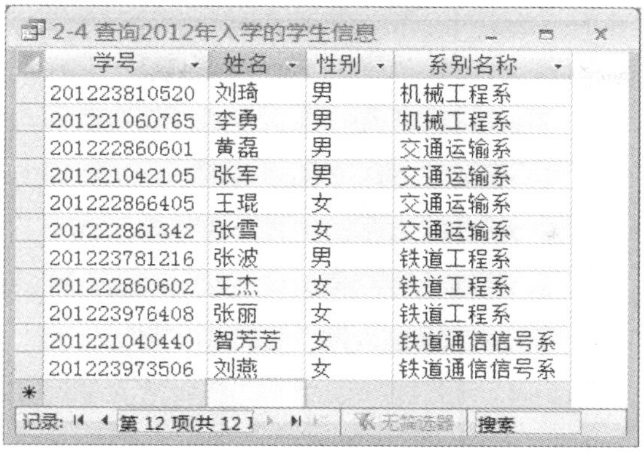

图3-41 查询的运行结果

任务2-5 查询没有照片的学生的学号和姓名

步骤1. 启动查询设计视图,将"学生表"添加到查询设计视图中。

步骤2. 将"学号"、"姓名"、"照片"字段添加到字段列表中。

步骤3. 设置查询条件。在"照片"字段的条件文本框中输入"Is Null",并设置为"不显示",如图3-42所示。

步骤4. 运行查询,查询结果如图3-43所示。

步骤5. 保存查询,命名为"2-5没有照片的学生"。

图3-42 设计视图

图3-43 查询的结果

任务2-6 显示每门课程的平均分、最高分和最低分

步骤1. 启动查询设计视图,将"课程表"和"成绩表"添加到查询设计视图窗口中。

步骤2. 在设计视图的字段列表中添加"课程号"、"课程名"和"成绩"字段。

步骤3. 显示"汇总"行。单击"查询工具"|"设计"选项卡"显示/隐藏"组中的"汇总Σ"按钮,如图3-44所示。

步骤4. 选择汇总方式。"课程号"、"课程名"字段的总计方式保持不变,三个"成绩"字段的汇总方式分别选择"平均值"、"最小值"和"最大值",如图3-45所示。

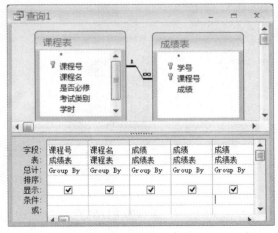

图 3 – 44　查询的设计视图

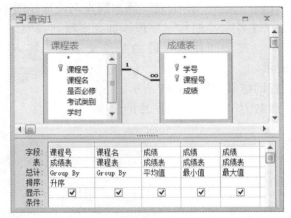

图 3 – 45　查询视图中设置总计行

步骤5. 运行查询，查询结果如图 3 – 46 所示。

步骤6. 保存查询。命名为"2 – 6 每门课程的平均分、最小和最高分"。

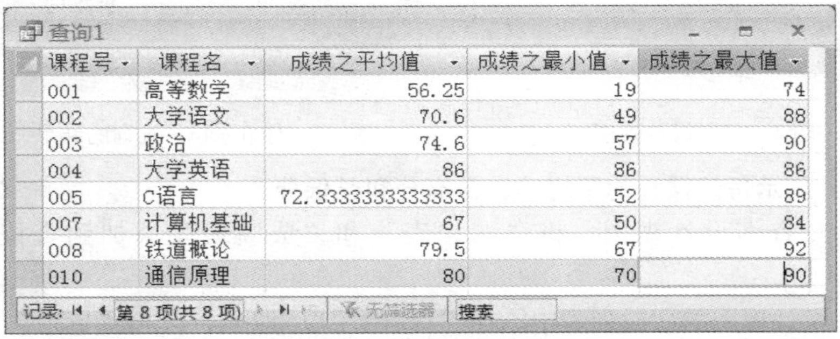

课程号	课程名	成绩之平均值	成绩之最小值	成绩之最大值
001	高等数学	56.25	19	74
002	大学语文	70.6	49	88
003	政治	74.6	57	90
004	大学英语	86	86	86
005	C语言	72.3333333333333	52	89
007	计算机基础	67	50	84
008	铁道概论	79.5	67	92
010	通信原理	80	70	90

记录: ⊮ ◄ 第 8 项(共 8 项) ► ►⊮ ▼ 无筛选器　搜索

图 3 – 46　查询的运行结果

　　步骤7. 图 3 – 46 查询运行结果中的列标题为"成绩之平均值"、"成绩之最小值"和"成绩之最大值"显示不够直观，用户可以更改查询结果中显示的列标题。打开查询的"设计视图"，在设计网络的"字段"行中设置列标题，如图 3 – 47 所示，列标题和字段名以冒号隔开，冒号在英文输入法状态下输入。

步骤8. 再次运行查询，运行结果如图3-48所示。

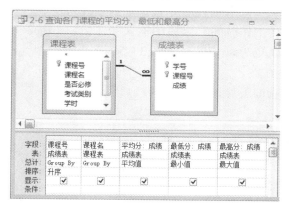

图3-47　查询视图中，更改列标题　　　　图3-48　查询运行结果

小提示　要显示"总计"行，用户还可以在"设计视图"中右击，从弹出的快捷菜单中选择"汇总"命令。

任务2-7　统计男女学生人数

步骤1. 启动查询设计视图，将"学生表"添加到查询设计视图窗口。

步骤2. 将学生表的"性别"和"学号"字段添加到字段列表中。

步骤3. 显示"汇总"行。单击"查询工具"｜"设计"选项卡"显示/隐藏"组中的"汇总"按钮。

步骤4. 选择汇总方式。"性别"字段的总计方式保持不变，"学号"字段的汇总方式选择"计算"，如图3-49所示。

步骤5. 设置列标题。"学号"列的字段行中输入"人数：学号"，如图3-49所示。

步骤6. 运行查询，查询结果如图3-50所示。

步骤7. 保存查询，取名为"2-7统计男女生人数"。

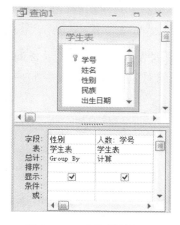

图3-49　查询设计视图　　　　图3-50　查询的运行结果

任务 2-8　查询工龄在 30 年及以上的教师

步骤 1. 启动查询设计视图，添加教师表到查询设计视图窗口中。

步骤 2. 把"教师编号"、"姓名"、"性别"、"工作时间"字段添加到字段列表中。

步骤 3. 输入查询条件。将字段列表中的"工作时间"字段中输入"工龄：（Date（）－［工作时间］）\ 365"，并在条件文本框中输入"＞＝30"，如图 3-51 所示。

步骤 4. 运行查询，结果如图 3-52 所示。

步骤 5. 保存查询，将查询命名为"2-8 查询工龄 30 及以上的教师"。

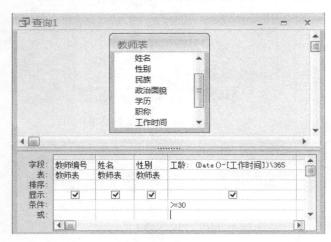

图 3-51　查询设计视图　　　　　　　　　　图 3-52　查询运行结果

> **小提示**　Date（）函数为日期时间函数，函数值返回当前系统日期；"\"是"除运算"的算术运算符。

小　结

本任务中主要介绍了使用查询设计器创建选择查询的方法，在查询设计器中可以直接显示字段的值，也可以对字段的值进行汇总计算，并对查询结果进行排序。

知识链接

查询设计视图分为上下两部分：上半部分称为"数据表区"，用来显示查询所需要的表或其他查询；下半部分称为"设计网格区"，其中每一列对应查询动态集中的一个字段，每一项对应字段的一个属性或要求。

1. 设计视图的基本操作

1）添加表或查询

（1）使用"显示表"对话框。

打开查询的设计视图，单击"查询工具" | "设计"选项卡的"查询设置"组中的"显示表"按钮，如图 3-53 所示，或者在"设计视图"的数据表区单击右键，从快捷菜单中选择"显示表"命令来打开"显示表"对话框。在"显示表"对话框中，单击要添加的

对象，单击"添加"按钮。

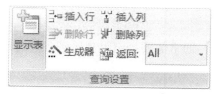

图3－53　"查询设置"组

（2）在导航窗格中，把表或查询对象直接拖曳到设计视图的上部，也可以将表和查询添加到查询设计视图中。

2）删除表和查询

单击要删除的表或查询对象，按 Delete 键或右击选择"删除表"命令。

3）添加字段

在表或查询对象中，选定一个或多个字段，并将其拖动到查询设计视图的下部的字段列表中，或者双击要添加的字段。

4）删除字段

选定要删除的字段列，按 Delete 键。

5）在设计网格中移动字段

单击要移动的字段列，并按住鼠标左键，拖动到新的位置即可。

6）改变列宽

将鼠标指针移动到要更改列的右边框，当鼠标指针变为双向箭头时，按住鼠标左键拖动，即可改变列宽。也可以双击边框线，将列调整为最适合的宽度。

7）在查询的设计网格中使用星号

星号（＊）表示选定全部字段，查询结果中将自动包含该表或查询的所有字段。

星号（＊）字段不能设置查询条件和排序方式，如果查询中需要设置查询条件，则另外添加条件字段或排序字段。

8）在查询中对字段排序

每个字段的"排序"下拉列表中，可选择"升序"或"降序"。如果使用多个字段排序时，Access 首先排序最左边的字段，然后依次进行排序，所以运行查询之前要安排好排序字段的顺序。

9）保存查询

（1）右击标题栏，从快捷菜单中选择"保存"命令。

（2）单击标题栏左侧"快速访问工具栏"中的"保存"按钮。

（3）单击"查询设计视图"窗口的"关闭"按钮，弹出对话框询问"是否保存对查询的更改"，单击"是"按钮。

10）运行查询

（1）在"查询设计视图"中，单击"查询工具"｜"设计"选项卡"结果"组中的"运行"按钮。

（2）如果查询已经保存并关闭，则双击已保存的查询对象同样可以显示查询的结果。

（3）在"数据表视图"中显示查询结果。打开"查询设计视图"，单击"查询工具"｜

"设计"选项卡"结果"组中的"视图"按钮，再从弹出列表中选择"数据表视图"即可。

2. 查询条件的设置

在设计视图中创建查询时，通常需要指定限制检索记录的条件表达式，它由常量、运算符、字段值和函数等组合而成。

1）运算符

Access 提供了算术运算符、关系运算符、逻辑运算符和特殊运算符。

（1）算术运算符和关系运算符见表 3-1。

表 3-1　算术运算符和关系运算符

分类	运算符	说明
算术运算符	+、-、*、/	加、减、乘、除
	\	整除（取整数部分）
	mod	求余数
	^	乘方
关系运算符	>、<、> =、< =、=、< >	大于、小于、大于等于、小于等于、等于、不等于

关系表达式的运算结果为逻辑量。如果关系表达式成立，结果为 True，如果关系表达式不成立，结果为 False。

（2）连接运算符。

Access 的连接运算符为 &，用来连接两个文本型数据。例如，表达式 "Access" & "2007" 的结果为 "Access2007"。

（3）逻辑运算符见表 3-2。

表 3-2　逻辑运算符

运算符	形式	说　明
Not	Not <表达式 1 >	逻辑非，当表达式为真时，整个表达式为假
And	<表达式 1 > And <表达式 2 >	逻辑与，当表达式 1 和表达式 2 均为真时，返回真，否则返回假
Or	<表达式 1 > Or <表达式 2 >	逻辑或，当表达式 1 或表达式 2 有一个为真时，结果为真，否则为假

（4）特殊运算符见表 3-3。

表 3-3　特殊运算符

运算符	说明
Between…And	介于……之间，用于指定一个字段值的范围
In	指定一个字段值的列表，即所有匹配值的集合
Like	字符串匹配运算符，与通配符配合使用
Is Null	判断一个字段的值是否为空
Is Not Null	判断一个字段的值是否为不空

2）常用函数

Access 提供了大量的内置函数，包括数值函数、字符处理函数、日期时间函数等。

（1）字符函数见表3-4。

表3-4 常用字符函数及其用途

函　　数	功　　能
Left（字符表达式，数据表达式）	返回从字符表达式左侧取长度为数据表达式值的子串
Right（字符表达式，数据表达式）	返回从字符表达式右侧取长度为数据表达式值的子串
Mid（字符表达式，数据表达式1，数据表达式2）	返回由字符表达式1中第"数据表达式1"个字符开始，长度为"数据表达式2"个的字符串
Len（字符表达式）	返回字符表达式的字符个数
String（数据表达式，字符表达式）	返回由字符表达式的第一个字符重复组成的长度为数值表达的值的字符串
Space（数据表达式）	返回数据表达式组成的空字符串

（2）日期时间函数见表3-5。

表3-5 日期时间函数及功能

函　　数	功　　能
Year（日期）	返回日期参数的年份，返回值是1900~1999
Month（日期）	返回日期参数是一年中的哪一个月，返回值是1~12
Day（日期）	返回给定日期是一个月中的哪一天，返回值是1~31
Date（）	返回系统的当前日期
Now（）	返回系统的当前日期和时间
Hour（时间）	返回给定时间的时部分
Second（时间）	返回给定时间参数的秒钟
Minute（时间）	返回给定时间参数的分钟
Weekday（日期）	返回给定日期是一周的哪一天，返回值为1~7

3）条件表达式

建立查询时，正确地设置查询条件是非常重要的，下面以"教学管理"数据库为例，说明如何使用条件表达式来设置查询的条件，见表3-6。

表3-6　条件表达式的应用

字段名	条件	说明
成绩	>=90	查询成绩在90以上的记录
入学成绩	Between300 And 400	查询入学成绩在300~400分之间的记录
	>=300and<=400	
职称	"教授"Or"副教授"	查询教授或副教授的记录
	In（"教授"，"副教授"）	
民族	<>"汉族"	查询少数民族的记录
	Not"汉族"	
联系电话	Is Not Null	有联系电话的职工记录
出生日期	Is Null	查询没填出生日期的记录
姓名	Like"张*"	查询姓张的人员的记录
	Left（[姓名]，1）="张"	
姓名	Len（[姓名]）=2	查询姓名为两个字符的记录
学号	Left（[学号]，4）="2012"	查询学号以2012开头的记录
学号	Mid（[学号]，5，2）="15"	查询学号的第5、6个字符为15的记录
学号	Right（[学号]，4）="1001"	查询学号的后4位数是1001的记录
	Like"*1001"	
工作时间	Year（[工作时间]）>=2012	查询2012年以后参加工作的员工记录
工作时间	year（date（））－year（[工作时间]）>=30	查询工龄在30年及以上的教师记录
	（date（）－[工作时间]）\365>=30	
工作时间	>=date（）－30	查询最近一个月入职的职工记录
	Betweendate（）And date（）－30	
出生日期	Year（[出生日期]）=1990 AndMonth（[出生日期]）=6	查询1990年6月出生的学生记录
出生日期	>=#1980－1－1# And <=#1989－12－31#	查询20世纪80年代出生的人员记录

备注：

（1）条件表达式中的日期型的常量要用"#"符号括号起来，字符型常量用双引号括起来。

（2）条件表达式中的字段名要用方括号（[]）括起来。

（3）设计视图中，所有的符号必须是英文状态下的半角符号。

4）表达式生成器

条件表达式可以自行从键盘输入，也可以使用表达式生成器。当条件表达式比较复杂时，可以使用"表达式生成器"。下面以任务2-8为例，介绍如何使用表达式生成器生成条件表达式。

判断工龄在30年及以上的条件表达式为：Year（Date（））－Year（[工作时间]）>=30，具体操作如下。

（1）打开设计视图，添加教师表。

（2）将"教师编号"、"姓名"和"性别"字段添加到字段列表中。

（3）打开"表达式生成器"对话框。在第4列（空白列）的字段行中右击，从弹出的快捷菜单中选择"生成器"命令。

（4）在"表达式生成器"对话框中，依次选择"内置函数"、"时期/时间"，双击 Year 函数，如图 3-54 所示。

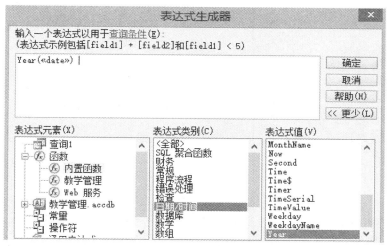

图 3-54 "表达式生成器"对话框

（5）单击 Year 函数中的 number 参数，再选择 Date 函数，如图 3-55 所示。

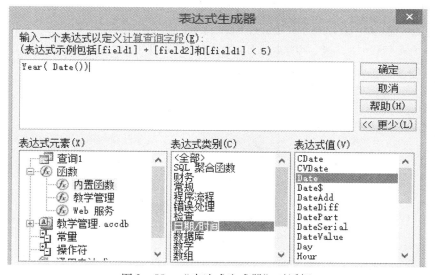

图 3-55 "表达式生成器"对话框

（6）将光标放在 Year 函数的右侧，输入运算符"-（减）"，再选择 Year 函数，如图 3-56 所示。

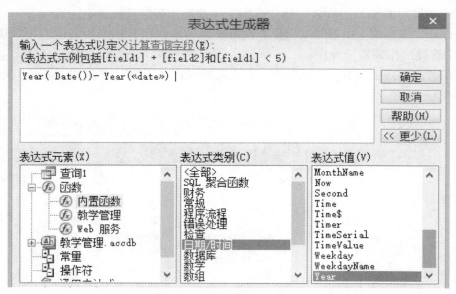

图 3 - 56　"表达式生成器"对话框

（7）选择 Year 函数中的 number 参数，从第一个列表框中选择"教师表"，此时第二个列表框中显示教师表中的所有字段，双击"工作时间"字段，如图 3 - 57 所示，用户也可以从键盘直接输入"［工作时间］"。

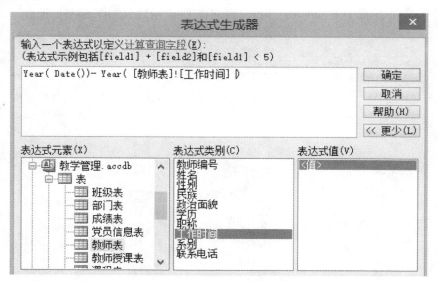

图 3 - 57　"表达式生成器"对话框

（8）在"表达式生成器"对话框中，单击"确定"按钮，回到查询设计视图中，如图 3 - 58 所示。

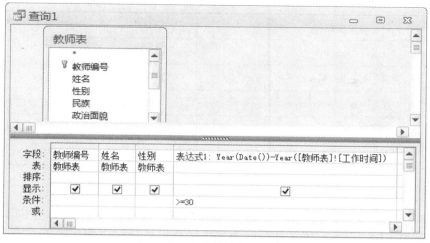

图 3 - 58 查询设计视图的设置

3. 查询的计算

数据库中，常常需要对查询结果进行统计分析，例如各系学生人数、每门课程的平均分、教师的平均年龄等，为了获取这样的统计数据，需要创建能够进行统计计算的汇总查询。

1）总计计算

总计计算是系统提供的，用于对查询中的记录组或全部记录进行统计计算，包括总计、平均值、计数、最大值、最小值、标准偏差和方差等。在设计视图中，单击"查询工具" | "设计"选项卡"显示/隐藏"组中的"总计"按钮 **Σ**，会在设计网格中显示"汇总"行。对设计视图中的每个字段，都可在"总计"行中选择一种所需的汇总选项。

总计行中共有 12 个选项，其名称及含义见表 3 - 7。

表 3 - 7 总计选项及含义

	总计选项	功能
函数	总计 Sum	返回字段值的总和
	平均值 Avg	返回字段值的平均值
	计数 Count	返回字段的每组的记录个数
	最大值 Max	返回字段值的最大值
	最小值 Min	返回字段值的最小值
	标准差 StDev	求某字段值的标准偏差
	方差 Var	求某字段值的方差

总计选项		功能
其它选项	分组（Group By）	指定作为分组依据的字段
	第一条记录（First）	求在查询结果中第一条记录的字段值
	最后一条记录（Last）	求在查询结果中最后一条记录的字段值
	表达式（Expression）	创建表达式来计算字段的一组数据
	条件（Where）	指定一个条件来限定该字段的分组

2）自定义计算

自定义计算可以用一个或多个字段的值进行数值、日期和文本计算。例如，使用"工作时间"计算出工龄。对于自定义计算，必须直接在设计视图中创建新的计算字段，创建方法是将表达式输入到设计视图的空字段行中，表达式可以由多个计算组成。

任务3　建立交叉表查询

任务描述

利用交叉表查询完成下面的操作：
➢ 显示每个学生每门课程的成绩
➢ 统计各系部职工的职称分布情况
➢ 统计各系部每年入职的教师人数

任务分析

使用查询向导创建交叉表查询需要先将所需要的数据放在一个表或查询里，然后才能创建交叉表查询，这样有时有些麻烦。使用查询设计视图来创建交叉表查询，可以从多个表中查询数据。

任务实施

任务3-1　显示每个学生每门课程的成绩

从查询的显示结果中，可以判断该查询需要从学生表、课程表和成绩表（三个表之间建立关系）中查询数据。因交叉表查询中，只有行标题可以有多个，因此学号和姓名作为行标题，课程名要作为列标题，成绩在行列交叉处。

步骤1. 启动查询设计视图。

步骤2. 添加学生表、课程表、成绩表，将"姓名"、"课程名"和"成绩"字段添加到字段列表中。

步骤3. 选择交叉表查询。单击"查询工具"｜"设计"选项卡中的"查询类型"组中的"交叉表"按钮，如图3-59所示，此时设计视图中会显示"总计"和"交叉表"行。

图 3 – 59 查询类型组

步骤 4. "姓名"字段的"总计"行保留默认的"GroupBy","交叉表"行设置为"行标题";"课程名"字段的"总计"行设置为"GroupBy","交叉表"行设置为"列标题";"成绩"字段的"总计"行设置为"First","交叉表"行设置为"值",如图 3 – 60 所示。

图 3 – 60 交叉表查询视图

步骤 5. 运行查询,查询结果如图 3 – 61 所示。

步骤 6. 保存查询,命名为"3 – 1 学生课程成绩"。

姓名	C语言	大学英语	大学语文	高等数学	计算机基础	铁道概论	通信原理	政治
包晓军			80	72				57
郭晓坤			80	60				82
黄磊							90	
李勇	52				50	92	70	
刘红			79					64
王海		86	70	19				80
张军	76						80	
张丽	89				84	67		
张雪							80	
智芳芳			88	74				90

记录: ◄ ◄ 第 10 项(共 10) ► ►I ►☀ 无筛选器 搜索

图 3 – 61 交叉表查询运行结果

任务 3 – 2 统计各系部职工的职称分布情况

步骤 1. 启动查询设计视图,添加教师表和系别表。

步骤 2. 将"系别名称"、"职称"和"教师编号"字段添加到字段列表中。

步骤 3. 单击"查询类型"选项组中的"交叉表"按钮。

步骤4. 在“系别名称”字段的下方的“总计”行设置为“Group By”，“交叉表”行设置为“行标题”；“职称”字段的“总计”行设置为“Group By”，“交叉表”行设置为“列标题”；“教师编号”字段的“总计”行设置为“计数”，“交叉表”行设置为“值”，如图3－62所示。

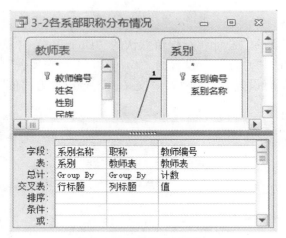

图3－62　查询设计视图

步骤5. 运行查询，查询结果如图3－63所示。

系别名称	副教授	讲师	教授	助教
建筑工程系		2	1	
交通运输系	2	2	1	
铁道工程系	1	3		1
铁道机车车辆系	2	3		2
铁道通信信号系	2	2		1

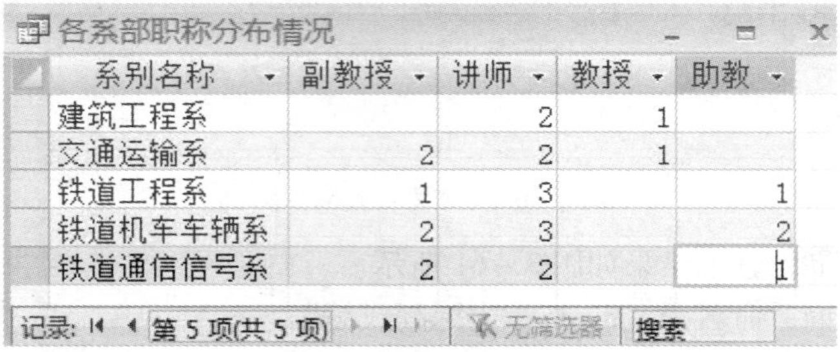

图3－63　查询运行结果

步骤6. 保存查询，命名为“3－2各系部教师职称分布情况”。

任务3－3　统计各系部每年入职的教师人数

步骤1. 启动查询设计视图，添加教师表和系别表。

步骤2. 将“系别名称”、“教师编号”字段添加到字段列表中，在旁边的空列的字段行中输入表达式“Year（[工作时间]）”。

步骤3. 选择交叉表查询。

步骤4. 在“系别名称”字段的下方的“总计”行设置为“Group By”，“交叉表”行设置为“行标题”；“教师编号”字段的“总计”行设置为“计数”，“交叉表”行设置为“值”；Year（[工作时间]）列的“总计”行设置为“Group By”，“交叉表”行设置为“列标题”，如图3－64所示。

步骤5. 运行查询，查看查询的结果。

步骤6. 保存查询，命名为“3－3各系部每年入职的教师人数”。

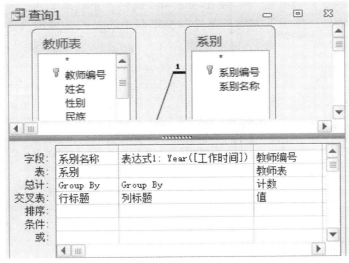

图 3-64　交叉表查询视图

小　结

如果查询的数据来源于一个表或查询时，使用交叉表查询向导比较简单。但是交叉表查询的数据来源于多个表、查询，并且"行标题"或"列标题"需要通过建立新字段得到，那么使用设计视图更为方便。

任务4　建立参数查询

任务描述

使用设计视图完成下面的查询操作：

➤ 按学号查询学生的各门课程的成绩，显示课程号、课程名和成绩

➤ 按姓氏从学生表查询学生的基本信息，并按姓名升序排序查询结果

➤ 查询并显示指定工作时间段的教师信息，要求显示"教师编号"、"姓名"、"性别"、"职称"、"工作时间"和"系别名称"字段

任务分析

选择查询和交叉表查询，不论查询条件是简单还是复杂，运行过程中查询条件都是固定不变的，如果需要改变查询条件，就要对查询进行重新设计，很不方便。在这种情况下使用参数查询更为灵活，参数查询的查询条件是动态的，运行查询时由用户输入查询的条件。

任务实施

任务4-1　按学号查询学生的各门课程的成绩

步骤1. 打开查询的"设计视图"，添加"学生表"、"课程表"和"成绩表"。

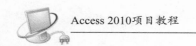

步骤2. 把"学号"、"姓名"、"课程名"和"成绩"字段添加到字段列表中。

步骤3. 在"学号"字段下方的"条件"文本框中输入"〔请输入学号:〕",如图3－65所示。

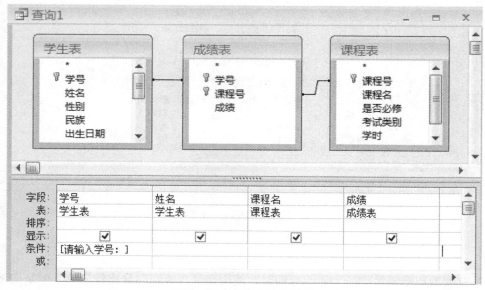

图3－65　查询条件的设置

步骤4. 单击"运行"按钮,弹出"输入参数值"对话框,如图3－66所示。

步骤5. 在对话框中输入要查找的学生的学号,例如输入学号"201122024009",然后单击"确定"按钮,即可进行查询并显示查询结果,如图3－67所示。

步骤6. 保存查询,命名为"4－1按学号查询学生的成绩"。

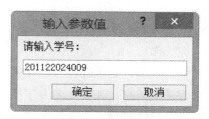

图3－66　参数输入

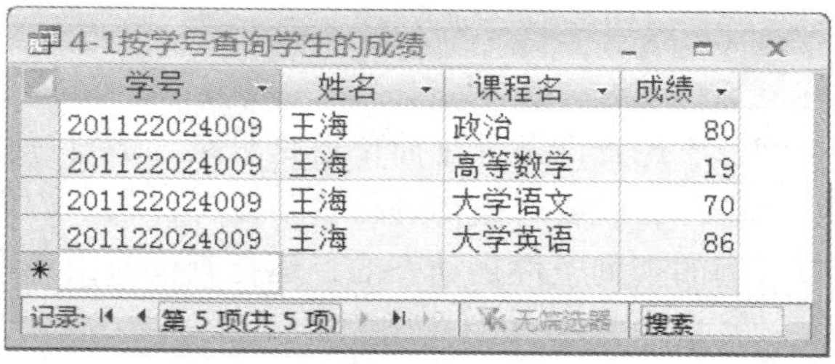

图3－67　查询运行结果

任务4-2 按姓氏从学生表查询学生的基本信息，并按姓名升序排序

查询运行时，在提示框中输入要查询的姓氏，将在查询结果中显示该姓氏的所有学生。

步骤1. 打开查询的"设计视图"，添加"学生表"。

步骤2. 把"＊"和"姓名"字段添加到字段列表中。

步骤3. 在"姓名"字段下方的"条件"文本框中输入：Like［请输入姓氏：］＆"＊"，排序下拉列表框中选择"升序"，取消"显示"复选框，如图3-68所示。

步骤4. 单击"运行"按钮，弹出"输入参数值"对话框，如图3-69所示。

图3-68 查询设计视图

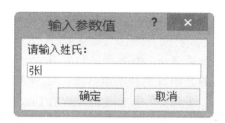

图3-69 输入参数值

步骤5. 在对话框中输入要查找的学生的姓氏，输入"张"，然后单击"确定"按钮，即可进行查询并显示查询结果，如图3-70所示。

学号	姓名	性别	民族	出生日期	政治面貌	入学成绩	地址	照片	籍贯	班级编号	简历
201223781216	张波	男	汉	1988/4/18	团员		276 呼和浩特新城区		内蒙古呼和浩特	Gtdgc1213	
201221042105	张军	男	汉	1994/5/4	团员		300 辽宁沈阳		辽宁沈阳	Gtdgc1213	
201223976408	张丽	女	汉	1988/3/21	团员		460 包头青山区民主路25号	Package	内蒙古呼和浩特	Gtdgc1213	
201222861342	张雪	女	汉	1993/2/10	团员		400 包头市东河区西二街	Package	内蒙古包头	Gjtyy1217	
＊						0					

图3-70 查询的运行结果

步骤6. 保存查询，输入查询名称"4-2 按姓氏查找学生基本信息"。

思考：本任务中，也可以使用字符串函数来判断姓氏，请思考并实现。

任务4-3 查询并显示指定工作时间段的教师信息

步骤1. 打开"查询的设计视图"，添加"教师表"和"系别"两个数据表。

步骤2. 把"教师编号"、"姓名"、"性别"、"职称"、"工作时间"和"系别名称"字段添加到字段列表中。

步骤3. 在"工作时间"字段的条件文本框中输入"Between［请输入开始日期：］and［请输入结束日期：］"，如图3-71所示。

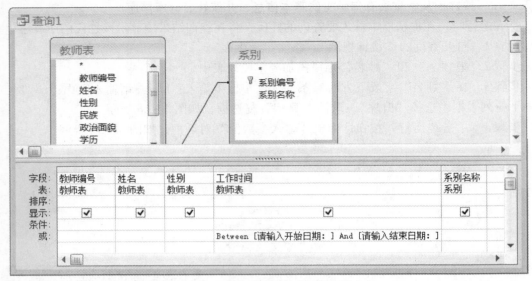

图3-71 参数查询设计视图

步骤4. 单击"运行"按钮，先后弹出两个"输入参数值"对话框，依次输入工作时间的开始日期和结束日期，如图3-72所示。

步骤5. 单击"确定"按钮，即可进行查询并显示查询结果。

步骤6. 保存查询，输入查询名称"按指定工作时间段查找教师信息"。

图3-72 参数查询的输入参数提示对话框

小 结

参数查询的设计操作与选择查询基本相同，只是在"条件"行输入的不是具体条件表达式，而是用方括号，方括号中输入查询时的提示文本，查询运行时才输入具体的条件。

任务5 建立操作查询

任务描述

通过设计视图完成以下查询：

➢ 创建一个教师党员情况表，包含教师编号、姓名、性别、民族和系别

➢ 把所有选修课的学时增加10课时

➤ 把学生表中政治面貌字段值中的"党员"全部改为"中共党员"

➤ 删除课程号为"001"课程的所有成绩

➤ 删除学号为 201122020920 的学生的基本信息和所有课程成绩

➤ 从学生表中把所有党员的记录追加到党员信息表

项目分析

操作查询包括生成表查询、追加查询、更新查询和删除查询，可以在数据库中完成追加记录、更新数据、删除记录等操作，还可以将检索结果作为一个新表添加到数据库中。

任务实施

任务 5 - 1　创建一个教师党员情况表

从教师表查询出政治面貌为党员的教师记录，并将查询结果保存为一个新表。

步骤 1. 启动查询的设计视图，添加教师表和系别表。

步骤 2. 将"教师编号"、"姓名"、"性别"、"民族"、"系别名称"和"政治面貌"字段添加到字段列表中，取消"政治面貌"字段的显示属性，如图 3 - 73 所示。

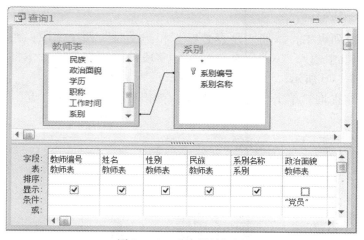

图 3 - 73　查询设计视图

步骤 3. 单击"查询类型"选项组中的"生成表"按钮，弹出"生成表"对话框，输入生成表名称"党员信息表"，如图 3 - 74 所示，然后单击"确定"按钮。

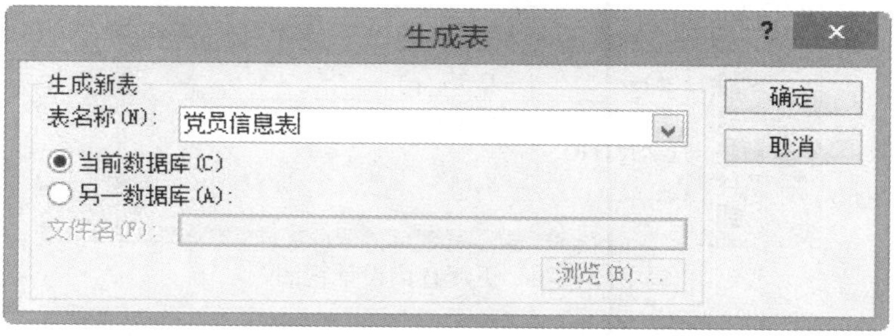

图 3 - 74　"生成表"对话框

步骤4. 运行查询，弹出数据粘贴提示对话框，如图3-75所示，单击"是"按钮，即可创建一个新表"党员信息表"。

图3-75　查询运行提示对话框

任务5-2　把所有选修课的学时增加10课时

如果在"数据表"视图中对记录进行更新和修改，当更新的记录较多，或需要符合一定条件时，就会费时费力，而且容易出现错误。更新查询是实现此类操作最简单、最有效的方法，它能对一个或多个表中的一组记录全部进行更新。

步骤1. 启动查询设计视图，添加课程表。

步骤2. 选择"更新查询"。单击"查询工具"｜"设计"选项卡"查询类型"组的"更新"按钮。

步骤3. 在字段列表中，添加"是否必修"和"学时"两个字段；在"是否必修"字段的"条件"文本框中输入"No"，在"学时"字段的"更新到"文本框中，输入"［学时］+10"，如图3-76所示。

步骤4. 运行该查询。单击"运行"按钮，弹出提示框，单击"是"按钮，确认数据的更新操作。

图3-76　更新查询设计视图

任务 5 - 3　把学生表中政治面貌字段值中的"党员"全部改为"中共党员"

步骤 1．启动查询设计视图，添加学生表。

步骤 2．选择更新查询。

步骤 3．在字段列表中，添加"政治面貌"字段；在"政治面貌"字段的"条件"文本框中输入"党员"，在"更新到"文本框中，输入"中共党员"，如图 3 - 77 所示。

步骤 4．保存查询，命名为"5 - 3 将政治面貌中的党员改为中共党员"。

步骤 5．双击查询名称，运行该查询，当弹出提示框时，单击"是"按钮，确认更新数据。

任务 5 - 4　删除课程号为"001"课程的所有成绩

步骤 1．打开查询设计视图，添加成绩表。

步骤 2．选择查询类型为"删除查询"。单击"查询工具 - 设计"选项卡查询类型组中的"删除"按钮。

步骤 3．选择"＊"和"课程号"字段到字段列表中，在"课程号"字段的"条件"文本框中输入"001"，如图 3 - 78 所示。

步骤 4．运行查询。运行时，会弹出提示框询问是否进行删除操作，单击"是"按钮，将进行删除操作，单击"否"按钮，取消本次操作。

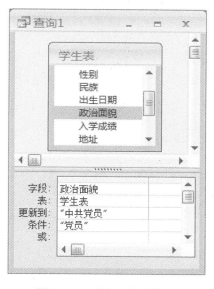

图 3 - 77　更新查询的设置

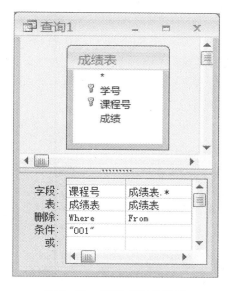

图 3 - 78　删除查询的设置

任务 5 - 5　删除学号为 201122020920 的学生的基本信息和所有课程成绩

步骤 1．学生表和成绩表之间建立关系，并设置参照完整性，选择级联删除，如图 3 - 79 所示。

步骤 2．打开查询设计视图，添加学生表。

步骤 3．选择查询类型为"删除查询"。

步骤 4．将"＊"和"学号"字段添加到字段列表中。

步骤 5．在"学号"字段的"条件"文本框中输入"201122020920"，如图 3 - 80 所示。

步骤6. 运行查询。

图3-79 创建表关系　　　　　　图3-80 删除查询的设计视图

任务5-6 从学生表中把所有党员的记录追加到党员信息表中

步骤1. 打开查询设计视图，添加学生表、班级表、专业表和系别表。

步骤2. 选择字段。将学号、姓名、性别、民族、系别名称和政治面貌字段添加到设计视图中。

步骤3. 从"查询类型"组中选择"追加查询"，打开"追加"对话框。在"追加"对话框中，选择"当前数据库"选项，并在"表名称"下拉列表框中选择目标数据表"党员信息表"，如图3-81所示。单击"确定"按钮，此时在设计视图中，添加一行"追加到"。

图3-81 追加对话框

步骤4. 设置查询条件：政治面貌字段的"条件"框中输入"党员"，并在"追加到"下拉列表框中，不选择任何内容，如图3-82所示。

步骤5. 设置每个字段的"追加到"行，从下拉列表框中选择对应的字段名称，如图3-82所示。

步骤6. 运行查询。

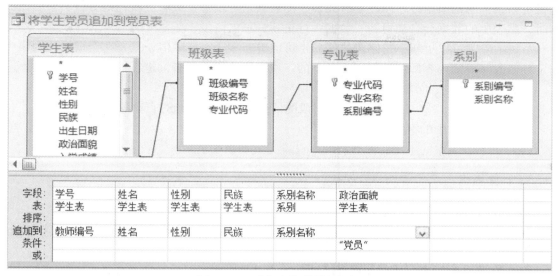

图 3 - 82　追加查询的设计视图

> **小提示**　"党员信息表"中包含教师编号、姓名、性别、民族和系别名称字段，所以追加的字段在"学生"表和"系别"表中，但"学生表"和"系别表"不能建立表关系，所以需要"班级表"和"专业表"来关联学生表和系别表。

知识链接

操作查询包括生成表查询、更新查询、删除查询和追加查询4种类型。

1. 生成表查询

在生成表查询中创建的表不仅可以放在当前数据库中，还可以将新表放入其他数据库中，如果要将新表生成的表放入其他数据库，只需在"生成表"对话框中选择"另一数据库"选项，然后在"文本框"中输入另一个数据库的位置和文件名，即可将新表放入指定的数据库中。

如果用户需要重新更改新生成表的名称，除了在设计视图中单击"生成表"按钮以外，还可以通过"属性表"对话框更改生成表的名称，具体操作如下。

（1）打开"属性表"对话框。在"查询工具"│"设计"选项卡中单击"属性表"按钮。

（2）更改目标表名称。弹出"属性表"对话框，在"目标表"文本框中可以输入新表的名称，如图 3 - 83 所示。

2. 更新查询

更新查询就是对一个或多个表中的数据进行批量更改。

图 3 - 83　属性表

运行更新查询的结果是自动修改了有关表中的数据。若设置了级联更新，则更新主表数据的同时，副表中的数据会自动更新。数据一旦更新，不能恢复。

Access 除了可以更新一个字段的值，还可以更新多个字段的值，只要在查询设计网格中指定要修改字段的内容即可，但以下类型的字段不能使用更新查询进行更新。

（1）通过计算获得结果的字段。

（2）"自动编号"字段。自动编号字段的值仅在添加新记录时自动更改。

（3）联合查询中的字段。

（4）创建表关系的主键，除非将关系设置为自动级联更新。

3. 删除查询

随着时间的推移，表中数据会越来越多，其中有些数据有用，而有些数据已无任何用途，对于这些数据应及时从表中删除。删除查询能够从一个或多个表中删除记录。如果删除多个表中的记录，必须满足以下几点。

（1）在关系窗口中，建立相关表之间的关系。

（2）表关系中，启用"级联删除相关记录"功能。

> **小提示** 删除查询将永久删除指定表的记录，并且无法恢复。因此，在运行删除查询时要十分慎重，最好对要删除记录的所有的表进行备份，以防由于误操作而引起数据丢失。删除查询每次删除整个记录，而不是指定字段中的数据。如果只删除指定字段的数据，可以使用更新查询将该值改为空值。

4. 追加查询

追加查询能够将一个或多个表的数据追加到另一个表的尾部，但是当两个表之间的字段定义不相同时，追加查询只添加相互匹配的字段内容，不匹配的字段将被忽略。

小 结

无论哪一种操作查询，都可以修改表中的许多记录，并且操作查询完成后，不能撤销。因此，为了防止误操作，可以在执行操作查询时先预览即将更改的记录（单击"查询工具"｜"设计"的"结果"组中的"视图"按钮），准确无误后再执行查询；另外，也可以提前备份数据。

任务6　SQL 查询的使用

任务描述

使用 SQL 查询完成下面的操作：

➢ 查询学生表中的所有女生的记录

➢ 查询学生表中入学成绩最高的 3 名学生的学号、姓名和入学成绩

➢ 查询教师表中学历为硕士或博士的教师信息，有教师编号、姓名、性别、学历、职称

和工作时间

➢ 查询所有 2012—2013 学年第 2 学期有授课任务的教师名单，显示教师编号

➢ 查询学号 "201221060765" 的学生的所有课程的成绩，显示课程号、课程名和成绩，并将查询结果按课程号升序排序

➢ 统计教师表中各种职称的人数

➢ 查询平均成绩在 80 分以上的课程，显示课程号和课程名

➢ 查询年龄在 18 岁以下的学生的学号、姓名和年龄

➢ 查询籍贯是内蒙古的学生的记录，并以学号升序排序

➢ 查找同时选修 001 和 003 课程的学生学号

➢ 使用联合查询创建一个包含学生党员和教师党员的信息的 "党员表"

➢ 在 "教学管理" 数据库中，创建一个 "部门表"，包括部门编号、部门名称和部门负责人

➢ 为班级表添加 "班主任" 和 "班级人数" 两个字段，"班主任" 字段的长度为 14，允许输入空值

➢ 删除学生表中的 "简历" 字段

➢ 修改学生表中 "姓名" 字段的长度为 14

➢ 删除党员信息表

➢ 在学生表中添加一名学生（201121060680，张三，男，1991–12–20）的记录

➢ 将教务处的信息（01，教务处，张三）添加到部门表中

➢ 将 001 课程的成绩提高 5 分

➢ 删除学生表中学号为 201121060679 的学生记录

任务分析

在 Access 中，创建和修改查询最方便的方法是使用 "查询设计视图"。但是，在创建查询时并不是所有的查询都可以在系统提供的查询设计视图中进行，有的查询只能通过 SQL 语句来实现。SQL 的全称是 Structured Query Language，即结构化查询语言，是一种数据库共享语言，可用于定义、查询、更新和管理关系型数据库系统。

任务实施

任务 6 – 1　查询学生表中的所有女生的记录

显示学生表中的所有记录，所以不用设置查询条件。

步骤 1. 启动查询设计视图窗口，关闭 "显示表" 对话框。

步骤 2. 切换到 SQL 视图。在 "查询工具" ｜ "设计" 选项卡中单击 "视图" 按钮，从弹出的下拉列表中选择 "SQL 视图" 选项，如图 3 – 84 所示。

步骤 3. 输入查询语句。在 SQL 视图窗口中输入查询语句，如图 3 – 85 所示。

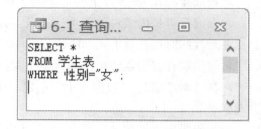

图3-84 "查询工具"|"设计"选项卡   图3-85 SQL视图窗口

步骤4. 运行查询。在"查询工具"|"设计"选项卡中单击"运行"按钮，显示查询结果，如图3-86所示。

小提示 如果查询结果中显示所有的字段，不用——写出字段名，可以使用"*"字段表示全部字段。

学号	姓名	性别	民族	出生日期	政治面貌
201122861326	刘红	女	满	1990/10/12	党员
201221040440	智芳芳	女	汉	1992/1/16	团员
201222860602	王杰	女	汉	1992/6/20	团员
201222861342	张雪	女	汉	1993/2/10	团员
201222866405	王琨	女	汉	1997/3/26	群众
201223973506	刘燕	女	蒙	1990/8/10	党员
201223976408	张丽	女	汉	1996/8/12	团员

图3-86 SQL查询的运行结果

任务6-2 查询学生表中入学成绩最高的3名学生

步骤1. 启动查询设计视图窗口，关闭"显示表"对话框。

步骤2. 切换到SQL视图。在"查询工具"|"设计"选项卡中单击"视图"按钮，从弹出的下拉列表中选择"SQL视图"选项。（注：后面的任务中，将省略步骤1和步骤2。）

步骤3. 在SQL视图窗口中输入SQL查询语句，如图3-87所示。

步骤4. 单击"运行"按钮，查询结果如图3-88所示。

图 3 – 87　SQL 视图　　　　　图 3 – 88　SQL 查询的运行结果

小提示　TOP 谓词用于输出排列在前面的若干条记录，如果显示某个字段的最大值或最小值，必须以该字段对查询结果进行排序。ORDER BY 子句将查询结果按某个字段或某几个字段的值排序输出，排序的方式有升序和降序两种。

任务 6 – 3　查询教师表中学历为硕士或博士的教师信息

打开 SQL 视图窗口，输入下面的 SELECT 语句，SQL 查询的运行结果如图 3 – 89 所示。

SELECT 教师编号，姓名，性别，学历，职称，工作时间
FROM 教师表
WHERE 学历 = "硕士"Or 学历 = "博士"；

思　考

请用 IN 运算符设置 WHERE 子句中的查询条件表达式。

教师编号	姓名	性别	学历	职称	工作时间
08	王晓乐	男	硕士	副教授	2006/10/30
11	张强	男	硕士	副教授	1982/9 /16
06	刘燕	女	博士	教授	1989/11/10
15	周涛	男	硕士	副教授	1981/10/12
03	高文泽	男	博士	副教授	2000/7 /10
07	王磊	男	硕士	讲师	2006/3 /12

图 3 – 89　SQL 查询的运行结果

任务 6 – 4　查询所有 2012—2013 学年第 2 学期有授课任务的教师名单，显示教师编号和姓名

步骤 1．打开 SQL 视图窗口，输入下面的 SELECT 语句，SQL 查询的运行结果如图 3 – 90 所示。

SELECT 教师编号
FROM 教师授课表
WHERE 学年 = "2012 – 2013" and 学期 = 2；

步骤 2．图 3 – 90 的查询结果中，教师编号有重复的记录，因此，为了消除重复行必须

对 Select 语句进行修改，具体的 SQL 语句如下，查询的结果如图 3 –91 所示。

SELECT DISTINCT 教师编号

FROM 教师授课表

WHERE 学年 ="2012 –2013" and 学期 =2;

图 3 –90　查询结果

图 3 –91　查询结果

任务 6 – 5　查询学号 "201221060765" 的学生的所有课程的成绩

打开 SQL 视图窗口，输入下面的 SELECT 语句，SQL 查询的运行结果如图 3 –92 所示。

SELECT 成绩表 . 课程号，课程表 . 课程名，成绩

FROM 课程表 INNER JOIN 成绩表 ON 课程表 . 课程号 =成绩表 . 课程号

WHERE 学号 ="201221060765"

ORDER BY 成绩表 . 课程号；

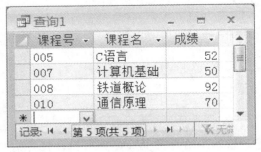

图 3 –92　查询结果

任务 6 – 6　统计教师表中各种职称的人数

打开 SQL 视图窗口，输入下面的 SELECT 语句，SQL 查询的运行结果如图 3 –93 所示。

SELECT 职称，COUNT（＊）AS 人数

FROM 教师表

GROUP BY 职称；

图 3 - 93　SQL 查询结果

思考：查询结果中显示"课程名"字段，那么 SQL 语句该如何修改；

任务 6 - 7　查询平均成绩在 80 分以上的课程

打开 SQL 视图窗口，输入下面的 SELECT 语句，SQL 查询的运行结果如图 3 - 94 所示。

SELECT 课程号，AVG（成绩）AS 平均成绩
FROM 成绩表
GROUP BY 课程号
HAVING AVG（成绩）> = 80;

图 3 - 94　查询结果

任务 6 - 8　查询年龄在 18 岁以下的学生

根据"出生日期"字段计算年龄，再判断年龄是否小于 18 岁以下。

打开 SQL 视图窗口，输入下面的 SELECT 语句，SQL 查询的运行结果如图 3 - 95 所示。

SELECT 学号，姓名，（DATE（）- ［出生日期］）\ 365　AS 年龄
FROM 学生表
WHERE（DATE（）- ［出生日期］）\ 365 <18;

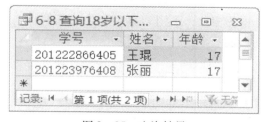

图 3 - 95　查询结果

任务 6 - 9　查询籍贯是内蒙古的学生的记录，并以学号升序排序

打开 SQL 视图窗口，输入下面的 SELECT 语句，SQL 查询的运行结果如图 3 - 96 所示。

```
SELECT *
FROM 学生表
WHERE 籍贯 like "内蒙古*"
ORDER BY 学号;
```

学号	姓名	性别	民族	出生日期	政治面貌	籍贯	入学成绩
201121060679	包晓军	男	蒙	1996/1/20	团员	内蒙古通辽	360
201121061279	刘洋	男	回	1993/10/16	团员	内蒙古通辽	420
201122020920	郭晓坤	男	汉	1990/10/20	中共预备党员	内蒙古呼和浩特	360
201221040440	智芳芳	女	汉	1992/1/16	团员	内蒙古通辽	290
201221060765	李勇	男	汉	1992/9/26	团员	内蒙古通辽	380
201222860601	黄磊	男	汉	1989/6/12	党员	内蒙古赤峰	460
201222860602	王杰	女	汉	1992/6/20	团员	内蒙古包头	350
201222861342	张雪	女	汉	1993/2/10	团员	内蒙古包头	400
201222866405	王琨	女	汉	1997/3/26	群众	内蒙古呼和浩特	380

记录: I ◀ 第 2 项(共 13 项) ▶ ▶I ▶※ 无筛选器 搜索

图 3−96 SQL 查询结果

任务 6−10　查找同时选修 001 和 003 课程的学生学号

成绩表中，一条记录中没有两个课程号，所以分别查询选修"001"和"003"课程的学生，并判断选修课程号为"001"的学生是否包含在选修"003"课程的学生集合中。

打开 SQL 视图窗口，输入 SQL 查询语句，如图 3−97 所示，查询结果如图 3−98 所示。

图 3−97　SQL 查询视图

图 3−98　SQL 查询视图

任务 6−11　查询所有学生党员和教师党员的信息

步骤 1．启动查询设计视图窗口，关闭"显示表"对话框。

步骤 2．启动联合查询功能。单击"查询工具"｜"设计"选项卡中"查询类型"组的"联合"按钮。

步骤 3．在 SQL 视图窗口中输入查询语句，如图 3−99 所示。

步骤 4．运行 SQL 视图，查询结果如图 3−100 所示。

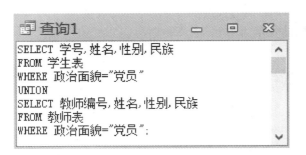

```
SELECT 学号,姓名,性别,民族
FROM 学生表
WHERE 政治面貌="党员"
UNION
SELECT 教师编号,姓名,性别,民族
FROM 教师表
WHERE 政治面貌="党员";
```

图 3－99　联合查询的 SQL 视图

学号	姓名	性别	民族
01	范华	女	蒙
04	李冰	男	蒙
07	王磊	男	回
08	王晓乐	男	汉
09	杨丽	女	汉
11	张强	男	回
12	赵华	男	汉
14	周洁	女	汉
20112286132	刘红	女	满
20122286060	黄磊	男	汉
20122397350	刘燕	女	蒙

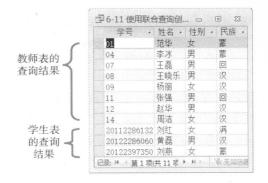

图 3－100　联合查询的运行结果

小提示　当两个 SELECT 语句的查询字段名不相同时，查询结果中显示第一个 SELECT 语句中的字段名，因此，如图 3－101 所示的查询结果的第一列标题显示为学号。为了使查询结果清晰，将第一列的标题显示为“学号或教师编号”，那么对第一个 SELECT 语句进行修改，如图 3－102 所示，修改后的查询结果如图 3－101 所示。

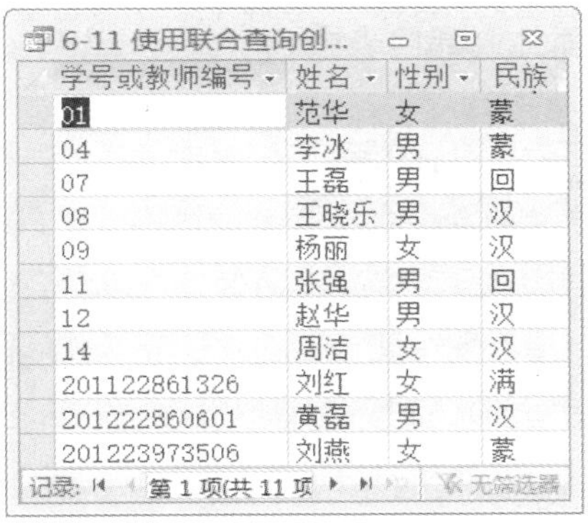

学号或教师编号	姓名	性别	民族
01	范华	女	蒙
04	李冰	男	蒙
07	王磊	男	回
08	王晓乐	男	汉
09	杨丽	女	汉
11	张强	男	回
12	赵华	男	汉
14	周洁	女	汉
201122861326	刘红	女	满
201222860601	黄磊	男	汉
201223973506	刘燕	女	蒙

图 3－101　联合查询的运行结果

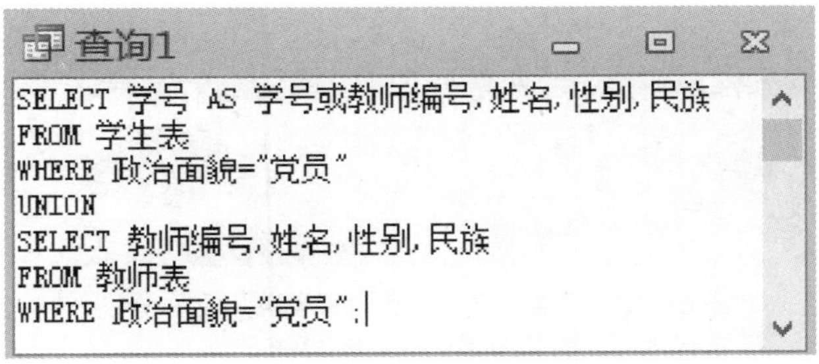

```
SELECT 学号 AS 学号或教师编号,姓名,性别,民族
FROM 学生表
WHERE 政治面貌="党员"
UNION
SELECT 教师编号,姓名,性别,民族
FROM 教师表
WHERE 政治面貌="党员";
```

图 3－102　SQL 视图

任务 6－12　在“教学管理”数据库中，创建一个“部门表”

在 SQL 视图窗口中输入查询语句：

```
CREATE TABLE 部门表（部门编号 CHAR（2）NOT NULL,
部门名称 CHAR（20）NOT NULL,
部门负责人 CHAR（15））;
```

任务 6－13　为班级表添加“班主任”和“班级人数”两个字段，“班主任”字段的长度为 14

在 SQL 视图窗口中输入查询语句：

```
ALTER TABLE 班级表 ADD 班主任 CHAR（14），班级人数 INTEGER;
```

任务 6－14　删除学生表中的“简历”字段

在 SQL 视图窗口中输入查询语句：

ALTER TABLE 学生表 DROP 简历；

任务 6 – 15   修改学生表中"姓名"字段的长度为"14"
在 SQL 视图窗口中输入查询语句：

ALTER TABLE 学生表 ALTER 姓名 CHAR（14）；

任务 6 – 16   删除党员信息表
在 SQL 视图窗口中输入查询语句：

DROP TABLE 党员信息表；

任务 6 – 17   在学生表中添加一名学生（201121060680，张三，男，1991 – 12 – 20）的记录

INSERT INTO 学生表（学号，姓名，性别，出生日期）
VALUES（"201121060680","张三","男"，#1991 – 12 –20#）

任务 6 – 18   将教务处的信息（01，教务处，张三）添加到部门表中
在 SQL 视图中，输入追加记录的 SQL 语句：

INSERT INTO 部门表 VALUES（"01","教务处","张三"）

小提示   当插入一条记录的全部字段时，表名之后的字段名可以省略，但插入的数值必须与表的结构完全吻合。

任务 6 – 19   将 001 课程的成绩提高 5 分
在 SQL 视图窗口中输入查询语句：

UPDATE 成绩表
SET 成绩 = ［成绩］ + 5
WHERE 课程号 ="001"；

任务 6 – 20   删除学生表中学号为 201121060679 的学生记录
在 SQL 视图窗口中输入如下查询语句：

DELETE
FROM 学生表
WHERE 学号 ="201121060679"

小提示   从学生表中删除学号字段的值为"201121060679"的记录，不删除其他表中相关的记录，数据库中成绩表与学生表有关联，如果学生表和成绩表之间已经创建了级联删除功能，则取消。

小 结

SQL 查询的功能非常强大，主要包括数据查询、数据定义和数据操作方面的功能。

知识链接

1. SQL 的数据查询语句

1）SELECT 语句

最常用的数据处理语句是 SELECT 语句，它不仅能够从一个或多个表中检索出符合条件的数据，并且能够进行汇总计算、联合查询等，也可以将检索结果保存为新的数据表。

SELECT 语句的格式如下：

　　SELECT［ALL | DISTINCT］［TOP N］<字段名 1 >［AS <别名 >］<，字段名 2 >［AS <别名 >］…

　　［INTO <新表名 >］

　　FROM <表或查询列表 >

　　［WHERE <条件表达式 >］

　　［GROUP BY <分组字段名 >］

　　［HAVING <条件表达式 >］

　　［ORDER BY <排序字段名 >［ASC | DESC］］

SELECT 语句中参数的含义如下。

（1）ALL | DISTINCT：用来限制查询结果的返回行的数量。ALL 表示显示查询结果的所有行，DISTINCT 表示取消查询结果中的重复行，默认为 ALL。

（2）TOP N：显示查询结果中前 N 条记录。

（3）字段名：在查询结果中显示的字段名称，可以用"＊"号代表数据表中所有的字段。

（4）别名：列标题，可以代替原有的列名称。

（5）INTO 子句：可以将查询结果保存到一个新数据表中。

（6）FROM 子句：用来指明查询的数据源，一个或多个表、查询。

（7）WHERE 子句：指定查询的条件。

（8）GROUP BY 子句：将查询结果按指定的列分组。

（9）HAVINGa 子句：与 GROUP BY 子句结合使用，用来指定分组的条件。

（10）ORDER BY 子句：对查询结果进行排序，ASC 为升序，DESC 为降序，默认为升序。

注意事项：

（1）在该语句中，包含在（< >）中的字段是必不可少的，包含在方括号中的字段则是可有可无的。

（2）字段名之间的逗号，必须是英文字符，不能使用汉字逗号。

2）从多个表中检索数据

在实际查询操作中，常常需要从两个或更多的表中查找需要的数据。当从多个表中查询数据时，必须在 SELECT 语句中联接多个表，联接数据表的方式有两种，一种是用 JOIN 子句，另一种是通过 WHERE 子句。

（1）JOIN 子句。

JOIN 子句出现在 FROM 子句中，表之间的联接主要有内联接、左外联接和右外联接三种，所以 JOIN 子句也有三种，具体格式如下。

① 内联接的格式：FROM ＜表1＞ INNER JOIN ＜表2＞ ON ＜联接条件表达式＞

② 左外部联接的格式：FROM ＜表1＞ LEFT OUTER JOIN ＜表2＞ ON ＜联接条件表达式＞

③ 右外部联接的格式：FROM ＜表1＞ RIGHT OUTER JOIN ＜表2＞ ON ＜联接条件表达式＞

例如，内部联接学生表和成绩表：

FROM 学生表 INNER JOIN 成绩表 ON 学生表.学号＝成绩表.学号

（2）用 WHERE 实现表间关系。

Access 中，除了使用 JOIN 子句联接表以外，还可以使用 WHERE 子句联接数据表。例如，在任务 6-5 中，使用 WHERE 子句完成课程表和成绩表的联接，具体的 SELECT 语句如下。

SELECT 成绩表.课程号，课程名，成绩
FROM 课程表，成绩表
WHERE 学号＝"201221060765" And 课程表.课程号＝成绩表.课程号
ORDER BY 成绩表.课程号；

小提示　SQL 命令中，不同表的同名字段前要添加表名以示区别。例如，在"课程表"和"成绩表"中都有"课程号"字段，引用时需要指定表名。

3）数据表的别名

在查询中，有时候数据表的名字多次出现，为便捷起见可以用别名代替数据表名。

SELECT 成绩表.课程号，课程名，成绩
FROM 课程表 as k INNER JOIN 成绩表 as c ON k.课程号＝c.课程号
WHERE 学号＝"201221060765"
ORDER BYc.课程号；

4）SQL 聚合函数

SQL 聚合函数也称为合计函数，用于完成各类统计操作。常用的聚合函数有 COUNT、SUM、MAX、MIN 和 AVG 函数。

（1）COUNT 函数。

用于统计符合条件的记录数。例如，统计各系教师人数、班级人数等。

（2）SUM 函数。

用于求和，参与求和的字段必须为数据类型。例如，求某门课程的总分等。

（3）MAX 函数和 MIN 函数。

用于在指定的记录范围内找出字段的最大值和最小值。例如，求某门课程的最高分、最低分等。

（4）AVG 函数。

用于求平均值。例如，求课程的平均分、学生的平均年龄等。

SQL 聚合函数经常与 GROUP BY 子句结合使用，对查询结果的每个组中的字段值进行汇总和统计。例如，任务 6-6 和任务 6-7 的统计操作。

5）嵌套查询

嵌套查询是在一个 SELECT 语句的 WHERE 子句中包含另一个 SELECT 语句，即用 SELECT 子句的查询结果作为 SELECT 主句查询条件的判断依据。例如，任务 6-10 查找同时选修 001 和 003 课程的学生学号。

6）联合查询

联合查询用于将来自一个或多个表和查询的字段组合为查询结果中的一种查询，用 UNION 连接两个 SELECT 语句，查询结果包含两个 SELECT 语句的查询结果。例如，任务 6-11 中使用联合查询从学生表和教师表中查询党员的记录。

创建联合查询时，注意以下几点。

（1）要为两个 SELECT 语句以相同的顺序指定相同的字段，即 SQL 语句的列数相同，并且相应的列的数据类型相同。Access 不会关心每个列的名称，当列的名称不相同时，查询会使用第一个 SELECT 语句中的字段名称。

（2）如果不需要返回重复记录，使用 UNION 连接两个 SELECT 语句，如果要显示所有记录，则需要使用 UNION ALL 运算符。

（3）对联合查询的结果进行排序，可在最后一个 SELECT 语句的末端添加一个 ORDER BY 子句。

2. SQL 数据定义查询

1）建立表结构

在数据库中，使用 CREATE TABLE 语句创建新表，格式如下：

CREATE TABLEt 表名（字段 1 类型［（字长）］［NOT NULL］［，字段 2 类型［（字长）］［NOT NULL］［，…］］）

2）修改表结构

修改表结构的 SQL 语句的格式如下。

（1）增加字段。

ALTER TABLE 表名 ADD ＜字段名＞＜字段类型＞［字长］［NOT NULL］

（2）删除字段。

ALTER TABLE 表名 DROP ＜字段名＞

（3）编辑字段属性。

ALTER TABLE 表名 ALTER ＜字段名＞＜字段类型＞［字长］［NOT NULL］

说明：修改表结构时，可以同时添加和删除多个字段，字段之间以逗号隔开。

3）删除表

删除表的 SQL 语句的格式如下：

DROP TABLE ＜表名＞

3. 数据处理语言

1）INSERT INTO 语句

该语句可以添加一个单一记录至一个表中，格式如下：

INSERT INTO 表名 ［（字段1［，字段2［，…］］）］

VALUES（值1［，值2［，值…］］）

说明：

（1）将 VALUES 函数中的值插入到指定的表中，值1对应字段1，要——对应，以此类推。若省略了字段名，则 VALUES 函数中必须包括所有字段的对应的值。其中，字段值与字段数据类型必须保持一致。

（2）若要将某个查询的结果全部添加到指定表中，则用 SELECT 语句替换 VALUES 函数，格式如下：

INSERT INTO 表名 ［（字段1［，字段2［，…］］）］

SELECT［字段1［，字段2［，…］］］

FROM ＜表名＞

2）UPDATE 语句

该语句更改数据表中满足条件的记录，语法格式如下：

UPDATE 表名

SET 字段名1 = 表达式1［，字段名2 = 表达式2］［，…］

［WHERE 条件］

说明：

（1）SET 子句用于指定修改方法，即用表达式中的值代替指定的字段值。

（2）WHERE 子句用于指定更新条件，若省略则更新表中所有记录的指定字段值。

3）DELETE 语句

DELETE 语句创建一个删除查询，可以把满足条件的记录从表中删除；若省略查询条件，则删除表中全部的记录。语法格式如下：

DELETE

FROM 表名

［WHERE 条件表达式］

说明：

（1）DELETE 语句只删除表中的数据，不删除表结构和表的所有属性。

（2）DELETE 语句也可以实现级联删除，当一对多关系中从"一"方的表中删除记录时，"多"方中的相应记录也会被删除。

（3）DELETE 语句删除的是整条记录，如果要删除特定字段中的值，需要将值更改为 NULL。

实　　训

1. 打开"教学管理"数据库，完成数据的查询操作。

（1）使用简单查询向导查询教师基本信息，包括教师编号、姓名、性别、职称和工作时间。

（2）使用简单查询向导查询各系班级名称。

（3）使用简单查询向导计算每个学生所有课程的平均分。

（4）使用查询向导显示没有课的教师信息。

（5）查询"高等数学"课不及格学生的名单，显示学生的学号和姓名。

（6）查询 2013 年和 2014 年入职研究生学历的教师信息，显示教师编号、姓名、性别、上班时间和系别，并按上班时间升序排序。

（7）统计各系的学生人数。

（8）查询年龄在 18 岁以下的学生的基本信息，包括学号、姓名、性别、民族、出生日期、班级名称，以学号升序排序。

（9）查询通信信号系籍贯不在内蒙古的学生的基本信息。

（10）查询音乐欣赏课的平均分、最高分和最低分。

（11）查询没有填写联系电话的教师的编号和姓名，以姓名升序排序。

（12）统计并显示各系部职工的学历分布情况。

（13）统计并显示各班级男女生人数。

（14）显示 2012 级各班的人数。

（15）按课程编号查询该课程的学生成绩，并按成绩降序排序。

（16）按班级名称模糊查询班级学生名单，包括学号、姓名、性别和民族。

提示：按班级名称模糊查询就是指查询时可以输入班级全称或其中一部分，只要班级名称中包含查询内容即可查询出相关的记录。

（17）以课时查询课程基本信息，当输入两个课时后，显示两个课时区间内的课程信息，以课程名升序排序。

（18）通过生成表查询，创建"周洁的课程表"，包含班级编号、授课地点和授课时间。

（19）通过生成表查询，创建一个仅包含副教授和教授信息的"高级职称教师"表。

（20）把授课表中授课教师"王晓乐"全部换成"杨丽"。

（21）把所有"选修"课的课时减少 10%。

（22）从教师表和教师授课表中，删除教师"范华"的相关记录。

（23）从成绩表中删除所有"语文"课的成绩。

（24）创建一个与学生表相同表结构的"交通运输学生表"，把学生表中所有"交通运输"系学生的记录添加到"交通运输学生表"中。

（25）把教师表中，将所有"高级讲师"职称的教师信息追加到"高级职称教师"表中。

（26）使用 SQL 语句从学生表中查询所有少数民族学生党员的记录，并以学号升序排序。

（27）使用 SQL 语句从课程表中查询学分最高的 5 名课程信息。

（28）使用 SQL 语句从课程表中查询课时在 60 以上的必修课的信息。

（29）使用 SQL 语句从教师表中查询"交通运输"和"通信信号"系的女教师记录，并以系别的升序排序。

（30）使用 SQL 语句从教师表中查询工龄在 35 年以上的教师信息，显示教师编号、姓名、性别、职称和工龄，按工龄降序排序。

（31）使用 SQL 语句从学生表中查询姓张的男生的记录。

（32）使用 SQL 语句创建一个"教授信息表"，包括"教师编号"、"姓名"、"性别"和"工作时间"字段。

（33）使用 SQL 语句为"教授信息表"添加"系别"字段。

（34）使用 SQL 语句删除教授信息表中的"工作时间"字段。

（35）使用 SQL 语句修改"学生表"中籍贯字段的长度为 20。

（36）使用 SQL 语句将教师表中的所有教授职称的教师信息添加到"教授信息表"中。

（37）使用 SQL 语句为班级表添加一个新记录（你所在班级的信息）。

（38）使用 SQL 语句删除 002 课程的基本信息和课程成绩。

（39）使用 SQL 语句把学生表中所有少数民族学生的"入学成绩"加 10 分。

（40）使用 SQL 语句删除部门表。

2. 打开"图书管理"数据库，完成数据的查询和编辑操作。

（1）查询人民邮电出版社或人民文学出版社出版的图书信息。

（2）查询 2012 年及以后出版的计算机类的图书信息，显示书号、书名、作者、出版日期和销售价格。

（3）统计各地区会员人数。

（4）统计每个会员的总销售金额，显示会员编号、姓名和总销售额，以总销售额降序排序。

（5）查询还未上传图书封面的图书，显示书号和书名。

（6）创建以书名的全名或部分查找图书信息，并以书名升序排序。

（7）查询某个时间段的订单信息，显示订单号、会员编号、姓名、金额和订单日期。

（8）创建以书类名称查找图书信息的查询。

（9）查询没有销售出去的图书。

（10）查询所有回头客的信息。

（11）使用交叉表查询显示客户的订单信息，行标题显示客户编号和姓名，列标题显示订单号，交叉处显示订单日期。

（12）使用交叉表显示每本图书每年的销售情况。行标题显示书号和书名，列标题显示年份，交叉处显示销售数量。

（13）生成一个包含所有小说类图书信息的新表，保存为"小说"。

（14）将所有"计算机"类的图书打 8.5 折，更改相应图书的"销售价格"。

（15）从图书表中删除所有 2000 年以前出版的图书信息。

3. 打开"计算机设备租赁"数据库，完成以下查询任务。

（1）查询联想笔记本的信息。

（2）查询押金在10 000万元以上或1 000元以下的设备信息。

（3）使用交叉表查询显示客户租设备的情况，显示客户名称、设备ID、设备名称和租期。

（4）统计每个设备的租出次数。

（5）查询2013年1月份租出的设备信息，包括设备ID、设备名称、类型。

（6）以类型查询设备信息，查询运行时，输入设备类型。

（7）以客户ID查询该客户的租赁信息，显示设备ID和名称以及租期和还期，并以租期的升序排序。

（8）将所有台式计算机的日租金降5%。

（9）查询东城区的客户，并创建新表，保存为"东城区客户表"。

（10）删除客户ID为kh0102的个人信息和租赁信息。

（11）查询一次都没被租出的设备，显示设备ID和设备名称。

（12）统计所有设备的租出天数。

4. 打开"图书管理"数据库，使用SQL语句完成数据的查询和编辑操作。

（1）查询图书表中销售价格在20～50之间的图书信息，并以价格升序排序。

（2）查询图书表中所有打折图书。

（3）从图书表中查询所有小说类的图书。

（4）查询ID为"6"的客户的所有订单信息，以订单号升序排序。

（5）查询销售额超过200的图书，包括书号、书名、作者和出版社。

（6）查询所有姓王的客户信息，显示会员ID、姓名、Email和联系电话。

（7）查询库存最少的5本书，显示书号、书名和库存。

（8）在"会员信息表"中添加一个"注册时间"字段。

（9）删除会员ID为2的会员的购物车中的商品。

（10）使用SQL语句创建新表"下架图书表"，包括书号、书名和下架日期。

（11）将记录"113001，影像解剖学，2013 – 4 – 20"添加到"下架图书表"中。

（12）将所有"小说"类的图书的销售价格定为定价的5折。

（13）查询同时购买书号为"104002"和"103002"图书的客户，显示客户ID、客户名称和联系电话。

5. 打开"计算机设备租赁"数据库，使用SQL语句完成数据的查询和编辑操作。

（1）查询笔记本和打印机设备，按日租金降序排序。

（2）查询2013年租出的设备信息，包括设备ID、名称、类别和日租金。

（3）查询日租金在500元以下、押金1 000元以下的设备信息，以押金升序排序。

（4）查询单价在30 000到40 000之间的服务器的基本信息，并以单价降序排序。

（5）查询东城区姓李的客户信息，以姓名升序排序。

（6）使用交叉表查询显示每个产品每年的租出数量。

（7）查询不同类别的设备的最低和最高租金，显示类别、最低租金和最高租金。

（8）统计每个设备的租出次数，显示设备ID、设备名称和次数。

（9）统计每个客户的租赁记录，显示客户ID、客户名称和租赁设备的次数。

（10）创建一个参数查询，当输入一个日期后查找该日期应还的设备租出信息，显示设备名称、押金、日租金租出日期和应还日期。

（11）创建一个参数查询，当输入两个数字后查找出日租金在这个区间内的设备的基本信息。

（12）生成一个新表"笔记本设备"，保存所有笔记本设备的信息。

（13）将所有台式计算机的日租金减少10%。

（14）从设备表中删除单价在1 000元以下的设备。

（15）将台式计算机的记录追加到"笔记本电脑"表中。

（16）使用SQL查询从设备表中查找押金在1 500以下的台式计算机的信息。

（17）使用SQL查询从租赁表中查找2012年1月租出的设备信息。

（18）使用SQL查询查找"李红"和"张力"租的设备目录，显示设备ID、名称、租出日期、客户姓名，按客户姓名升序排序。

思考与练习

一、填空题

1. Access中，创建新的查询，可以使用（　　　）、（　　　）和（　　　）三种方法。

2. Access提供了4种操作查询，包括（　　　）、（　　　）、（　　　）和（　　　）。

3. 利用对话框提示用户输入条件的查询是（　　　）。

4. 若在"职工"表中查找姓"王"的记录，可以在查询设计视图的"条件"行中输入（　　　）。

5. 书写查询准则时，日期值应该用（　　　）括起来。

6. 条件表达式"BETWEEN 70 AND 80"相当于（　　　）。

7. 条件"性别＝"女"　OR　工资额＞2 000"的意思是（　　　）。

8. 条件"NOT 民族＝"汉""的意思是（　　　）。

9. 交叉表查询中可以设置（　　　）行标题、（　　　）列标题和（　　　）值。

10. 使用向导创建交叉表查询的数据源必须来自（　　　）表或查询。

11. 交叉表查询将来自数据源中的字段分成两组，一组以（　　　）形式显示在表格的左侧，一组以（　　　）形式显示在表格的顶端，并将数据进行统计计算后显示在（　　　）上。

12. 创建交叉表查询，必须对（　　　）和（　　　）字段进行分组。

13. 将表A的记录复制到表B中，且不删除表B中的记录，可以使用的查询是（　　　）。

14. SQL的含义是（　　　）。

15. 在SQL查询中使用WHERE子句指出的是（　　　）。

16. 在SQL语句中，SELECT语句中用（　　　）子句对查询的结果进行排序。

17. 在SQL语句中，如果检索要去掉重复组的所有元组，则应在SELECT语句中使用（　　　）。

18. 在SQL查询结果中，为了达到仅显示前几条记录的目的，可以在SELECT语句中使用（　　　）。

19. （　　　）查询可以将多个表或查询对应的多个字段的记录合并为一个查询表中的记录。

20. 要使用 SQL 语句查询 1980 年出生的学生，则 WHERE 子句中限定的条件为（　　　　）。

二、简答题

1. Access 查询的功能具体表现在哪些方面？

2. 查询和筛选的主要区别是什么？

3. 查询主要分为哪些类型？各类查询的作用是什么？

4. Access 提供了哪几种查询向导？简单描述各查询向导的功能。

5. 在 Access 中，哪些方法可以创建一个新表？

6. 操作查询的类型有哪些？它们分别对应哪些 SQL 语句？

7. 哪些类型的字段不能使用更新查询进行更新？

8. 当从一个表中删除记录时，同时删除其他表中的相关记录，必须要具备哪些条件？

项目 4

窗体的创建与应用

● 学习目标

❋ 窗体的基本概念
❋ 窗体的类型
❋ 创建窗体的方法
❋ 常用控件的使用

预备知识

窗体作为人机交互的一个重要接口，是 Access 2010 数据库中功能最强的对象之一，数据的使用与维护大多都是通过窗体来完成的。窗体本身没有存储数据，也不像数据表那样只以行和列的形式显示数据。用户可以通过窗体可以显示、增加、编辑、删除、查询、打印表的数据记录；利用窗体，可以将整个应用程序组织起来，形成一个完整的应用系统。任何形式的窗体都是建立在表和查询基础上的。

本章主要介绍窗体的基本知识，包括窗体的基本概念、使用向导创建窗体、使用设计器创建窗体、弹出式窗体以及控件工具箱的使用等内容。

1. 窗体的主要功能

窗体是 Access 数据库系统中一个非常重要的对象，是应用程序与用户之间的接口，用户可以在窗体中方便地进行数据输入、数据编辑及数据的显示，窗体是人机交互的界面。窗体对象的具体功能如下。

（1）显示和编辑数据，在窗体中显示的数据清晰且易于控制。

（2）创建友好的人机交互界面，使用户方便地对数据记录进行维护。

（3）使用窗体查询或统计数据库中的数据可以通过窗体输入数据查询或统计条件，查询或统计数据库中的数据。

（4）显示提示信息用于显示提示、说明、错误、警告等信息，帮助用户进行操作。

（5）控制程序流程。例如，在窗体中设计命令按钮，并对其编程，当单击命令按钮时，即可执行相应的操作，从而达到控制程序流程的目的。

2. 窗体的类型

根据显示数据的不同，Access 提供了纵栏式窗体、表格式窗体、数据表窗体、主/子窗体、图表窗体和数据透视表窗体 6 种类型的窗体。

1）纵栏式窗体

纵栏式窗体是最常用的窗体类型，每次只显示一条记录，每列左边显示字段名，右边显示字段的值。

在纵栏式窗体中，可以随意地安排字段，可以使用 Windows 的多种控制操作，还可以设置直线、方框、颜色等。通过建立和使用纵栏式窗体，可以美化操作界面，提高操作效率。

2）表格式窗体

表格式窗体在一个窗体中显示多条记录。如果要浏览更多的记录，可以通过垂直滚动条进行浏览。

3）数据表窗体

数据表窗体与数据表和查询显示数据的界面相同，其主要作用是作为一个窗体的子窗体。

4）主/子窗体

主/子窗体主要用来显示表之间具有一对多关系的数据。

在主/子窗体中，主窗体显示的表，一般采用纵栏式窗体；子窗体显示的表，通常采用数据表或表格式窗体。

5）图表窗体

图表窗体是以图表方式显示用户的数据。图表窗体的数据源可以是数据表，也可以是查询。

6）数据透视表窗体

数据透视表窗体是指通过指定格式（布局）和计算方法（求和、求平均值等）汇总数据的交互式表，用此方法创建的窗体称为数据透视表窗体。用户也可以改变数据透视表窗体的布局，以满足不同的数据分析方式和要求。

3. 窗体视图

窗体视图是窗体在具有不同功能和应用范围下呈现的外观表现形式。Access 为窗体对象提供了三种视图形式：窗体视图、数据表视图和设计视图。

（1）窗体视图就是窗体运行时的显示格式，用于查看在设计视图中所建立窗体的运行结果。

（2）设计视图是创建窗体或修改窗体的窗口，任何类型的窗体均可以通过设计视图来完成创建。

（3）数据表视图是以行列格式显示表、查询或窗体数据的窗口。在数据表视图中可以编辑、添加、修改、查询或删除数据。

窗体视图和数据表视图是为用户提供的用于进行数据显示和操作的应用界面，而设计视图则是为系统设计者提供的设计界面。

4. 窗体的组成

窗体通常由窗体页眉、页面页眉、主体、页面页脚和窗体页脚 5 部分组成，如图 4－1 所示。每一部分称为窗体的"节"，除主体节外，其他节可通过设置确定有无，但所有窗体必有主体节，其他的节可以根据实际需要，通过"视图"菜单的相应命令添加。

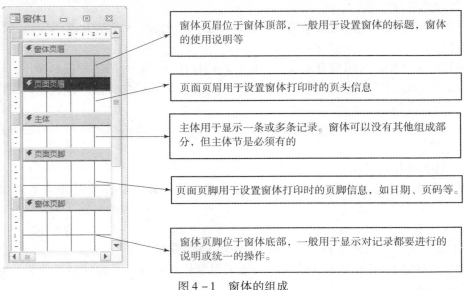

图 4 - 1　窗体的组成

1）窗体页眉

窗体页眉位于窗体的最上方，一般用于设置窗体的标题、窗体使用说明或打开相关窗体及执行其他任务的命令按钮等。

2）页面页眉

页面页眉一般用来设置窗体在打印时页面顶部要打印的信息，如标题、日期或页码等。

3）主体

主体通常用来显示记录数据，可以只显示一条记录，也可以显示多条记录。

4）页面页脚

页面页脚一般用来设置窗体在打印时页面底部要打印的信息，如汇总、日期或页数等。

5）窗体页脚

窗体页脚位于窗体底部或打印页的底部，一般用于显示对所有记录都要显示的内容，如使用命令的操作说明等信息，也可以设置命令按钮执行必要的控制。

知识要点

（1）窗体页眉/页脚、页面页眉/页脚都是成对添加或删除的。

（2）在窗体视图中，只显示窗体页眉、窗体页脚和主体三个部分。

（3）在打印预览时可显示窗体的 5 个部分，即页面页眉/页脚只在"打印预览"时显示。

任务 1　利用"窗体向导"创建窗体

任务描述

使用"窗体向导"完成以下窗体操作：

➤ 以"教师表"为数据源，分别创建一个名为"教师 – 纵栏式窗体"的纵栏式窗体、"教师 – 表格式窗体"的表格式窗体和"教师 – 数据表窗体"的数据表窗体，并观察其各自特点

➤ 创建主/子窗体，其中主窗体为学生表，子窗体为学生所选课程成绩

任务分析

Access 2010 创建窗体有以下两种方法。

1. 窗体向导

Access 2010 提供了 6 种创建窗体的向导，包括窗体向导，自动创建窗体：纵栏式，自动创建窗体：表格式，自动创建窗体：数据表，图表向导和数据透视表向导。

2. 手动方式

使用人工方式创建窗体，需要创建窗体的每一个控件，建立控件与数据源的联系，设置控件的属性等。

Access 2010 中，设计标准窗体的步骤如下。

（1）选择窗体的数据源（表或查询）。

（2）选择窗体类型。

（3）保存窗体。

任务实施

任务 1 – 1   创建一个名为"教师 – 纵栏式窗体"的纵栏式窗体

步骤 1. 打开教学管理数据库，选择"创建"选项卡，在"创建"选项卡中单击"窗体向导"按钮，如图 4 – 2 所示。

图 4 – 2   窗体向导

步骤 2. 在"表/查询"下拉式菜单中选择数据源（此时数据源为教师表），如图 4 – 3 所示。

步骤 3. 选择要创建窗体的字段。在"可用字段"列表框中依次选择各个字段，然后单击 ＞ 按钮，将其依次添加到"选定字段"列表框中，或直接单击 ＞＞ 按钮，如图 4 – 4 所示。

步骤 4. 确定窗体使用的布局。单击"下一步"按钮，进入如图 4 – 5 所示的界面，在"请确定窗体使用的布局"中选择"纵栏表"。

步骤 5. 为窗体指定标题。单击"下一步"按钮，进入如图 4 – 6 所示的界面，此时在

"请为窗体指定标题"文本框中输入窗体的标题，在下面"请确定是要打开窗体还是要修改窗体设计"中选择"打开窗体查看或输入信息"选项，如图4-6所示。

步骤6. 单击"完成"按钮，即创建了一个名为"教师-纵栏式窗体"的纵栏式窗体，如图4-7所示。单击"保存"按钮，保存创建的窗体。

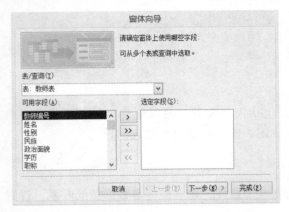

图4-3 "窗体向导"对话框 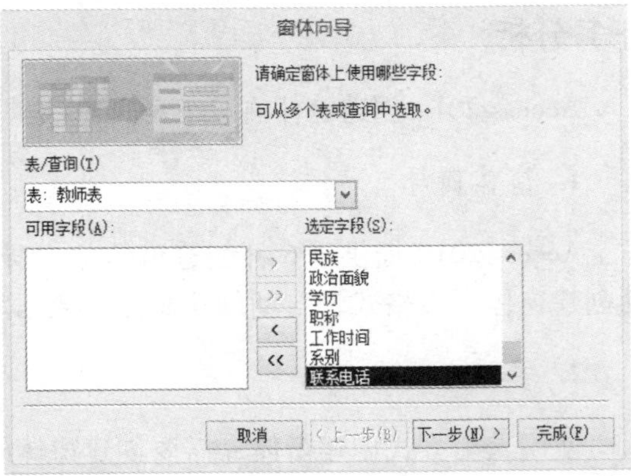   图4-4 "窗体向导"对话框

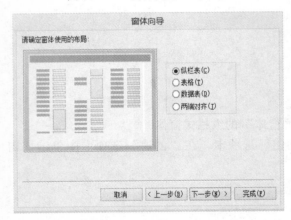

图4-5 确定窗体使用布局 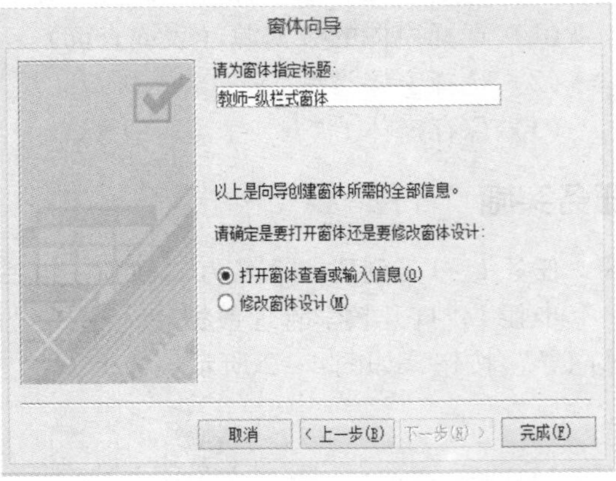   图4-6 为窗体指定标题

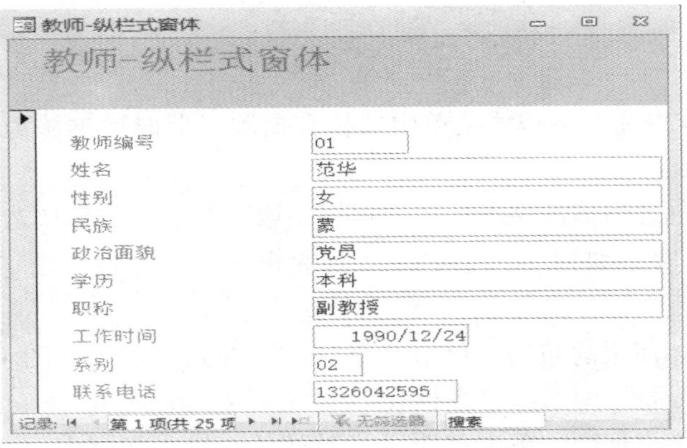

图4-7 教师-纵栏式窗体

N1

任务1-2　创建一个名为"教师-表格式窗体"的表格式窗体

步骤1. 启动"窗体向导"，具体步骤同任务1-1。

步骤2. 确定窗体使用的布局。单击"下一步"按钮，进入如图4-8所示的界面，在"请确定窗体使用的布局"中选择"表格"。

步骤3. 为窗体指定标题。单击"下一步"按钮，进入如图4-9所示的界面，此时在"请为窗体指定标题"文本框中输入窗体的标题，在下面"请确定是要打开窗体还是要修改窗体设计"中选择"打开窗体查看或输入信息"选项，如图4-9所示。

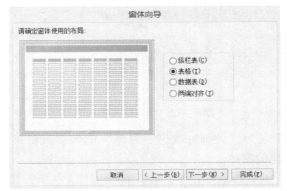
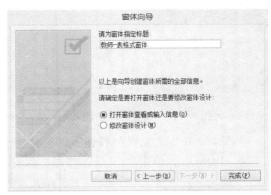

图4-8　确定窗体使用布局　　　　　图4-9　为窗体指定标题

步骤4. 单击"完成"按钮，即创建了一个名为"教师-表格式窗体"的表格式窗体，如图4-10所示，单击"保存"按钮，保存创建的窗体。

图4-10　教师-表格式窗体

任务1-3　创建一个名为"教师-数据表窗体"的数据表窗体

步骤1. 启动"窗体向导"，具体步骤同任务1-1。

步骤2. 确定窗体使用的布局。单击"下一步"按钮，进入如图4-11所示的界面，在"请确定窗体使用的布局"中选择"数据表"。

步骤3. 为窗体指定标题。单击"下一步"按钮，此时在"请为窗体指定标题"文本框中输入窗体的标题，在下面"请确定是要打开窗体还是要修改窗体设计"中选择"打开窗体查看或输入信息"选项，如图4－12所示。

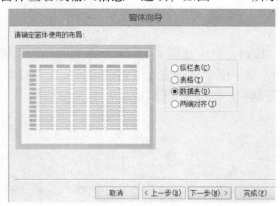 

图4－11　确定窗体使用布局　　　　　　　图4－12　为窗体指定标题

步骤4. 单击"完成"按钮，即创建了一个名为"教师－数据表窗体"的数据表窗体，如图4－13所示。单击"保存"按钮，保存创建的窗体。

教师编 ▾	姓名 ▾	性别 ▾	民族 ▾	政治面貌 ▾	学历 ▾	职称 ▾	工作时间 ▾	系别 ▾	联系电话 ▾
01	范华	男	蒙	党员	本科	副教授	1990-12-24	02	1326042595
02	高峰	男	汉	团员	本科	助教	2013-3 -2	03	1392662626
03	高文泽	男	汉	团员	博士	副教授	2000-7 -10	03	
04	李冰	男	蒙	党员	专科	讲师	2005-10-2	04	1566855265
05	李芳	女	蒙	党员	专科	讲师	2002-11-2	05	
06	刘燕	女	汉	团员	博士	教授	1989-11-10	01	0472-1111111
07	王磊	男	回	党员	硕士	讲师	2006-3 -12	05	
08	王晓乐	男	汉	党员	硕士	副教授	2006-10-30	01	1356165955
09	杨丽	女	汉	党员	本科	讲师	2009-7 -4	05	
10	杨丽	女	汉	团员	本科	教授	1989-3 -10	04	1566866226
11	张强	男	回	党员	硕士	副教授	1982-9 -16	02	1548514161
12	赵华	男	汉	党员	专科	讲师	1980-2 -10	02	1592555565
13	赵凯丽	女	汉	团员	本科	助教	2012-8 -2	05	
14	周洁	女	汉	党员	本科	副教授	2002-5 -10	01	1322010269
15	周涛	男	满	团员	硕士	副教授	1981-10-12	03	1565656552

记录: ◄ 第1项(共25项) ► ►► ▷ 无筛选器　搜索

图4－13　教师－数据表窗体

任务1－4　创建主/子窗体，其中主窗体为学生表，子窗体为学生所选课程成绩

窗体中的窗体为子窗体，包含子窗体的窗体称为主窗体。主窗体中的一条记录对应子窗体中的多条记录，其特点是主要用于显示表中一对多的关系，因此主/子窗体在使用过程中数据表之间必须要事先建立关系。

主/子窗体的创建方法有以下两种。

（1）利用"窗体向导"，同时创建主/子窗体。

（2）利用子窗体/子报表控件，将已有的窗体作为子窗体添加到另一个窗体中。

步骤1. 首先查看数据表之间的关系。单击"数据表工具"菜单下的关系，如图4－14所示。可以看出在学生表和成绩表之间已经建立了以"学号"为主键的一对多关系。

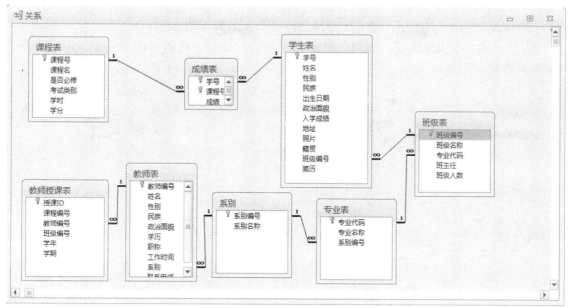

图4-14　数据表之间的关系

步骤2．启动"窗体向导"，在"窗体向导"对话框中首先选择"学生表"，将学生表中的"学号"、"姓名"、"性别"、"民族"、"入学成绩"、"班级编号"放入"选定字段"列表框中，如图4-15所示。

步骤3．接着再在"表/查询"下拉列表中选择"成绩表"。将需要的字段放入"选定字段"列表框中，如图4-16所示（注意此时在可用字段中已有学生表的字段）。

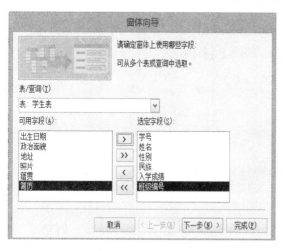

图4-15　设置学生表可用字段

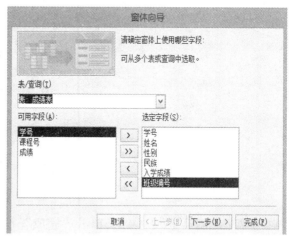

图4-16　设置成绩表可用字段

步骤4．确定查看数据的方式。单击"下一步"按钮，进入如图4-17所示的界面，此时左边显示"学生表"和"成绩表"，右边显示两表中选定的字段，在对话框的下方有两个单选框，通过单选框的选择确定查看数据的方式。

（1）带有子窗体的窗体：固定式。

（2）链接窗体：弹出式。

一般情况下主/子窗体用"带有子窗体的窗体"查看数据的方式。

步骤5．确定子窗体使用的布局。单击"下一步"按钮，进入如图4-18所示的界面，确定子窗体使用的布局。

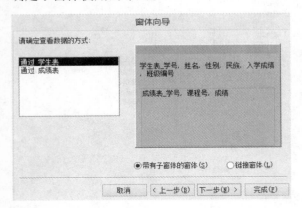

图4-17　查看数据的方式　　　　　　　　图4-18　子窗体使用的布局

步骤6．为窗体指定标题。单击"下一步"按钮，进入如图4-19所示的界面，分别输入主、子窗体的名称。

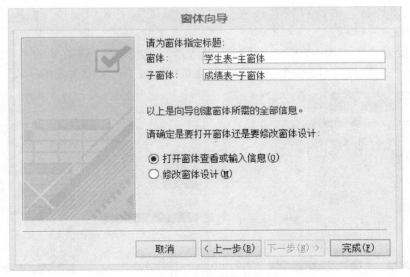

图4-19　为窗体指定标题

步骤7．创建主/子窗体。单击"完成"按钮，进入如图4-20所示的界面，创建了一个主/子窗体。在窗体浏览器对象中会分别出现"学生表-主窗体"和"成绩表-子窗体"两个窗体，如图4-21所示。

步骤8．在图4-21中，窗体布局尤其是子窗体布局不是非常完美，可以通过设计视图进行修改。

图 4 – 20　创建主/子窗体

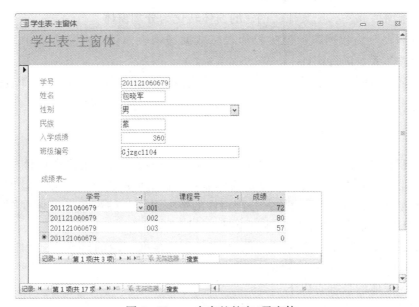

图 4 – 21　一个完整的主/子窗体

小　结

（1）窗体是用户数据输入、编辑及显示数据的 Access 数据库对象。

（2）窗体并不直接存储数据，只是以数据表为基础创建，数据操作的结果最终都存储在数据表中。

（3）窗体的数据源可以是数据表、查询和 SQL 查询。

（4）对于以上创建的 3 种不同类型的窗体，其特点如下。

① 纵栏式窗体：窗体左侧显示的是说明信息，右侧显示的是记录中字段的数据，并且一个窗体只显示一条记录。

② 表格式窗体：一个窗体中显示多条数据记录（通过垂直滚动条可以上下查看），字段名称出现在窗体最上方，下方是记录中的数据。

③ 数据表窗体：显示的形式和常见的表格一致。

（5）窗体中的窗体称为子窗体，包含子窗体的窗体称为主窗体。主/子窗体主要用于显示多表中一对多的关系。

（6）主子窗体中使用的数据表之间必须要事先建立好表关系。

任务2　利用"其他窗体"及导航按钮创建窗体

任务描述

使用"其他窗体"按钮，创建以下窗体：

➢ 以"教师表"为数据源，创建教师多项目窗体

➢ 以"教师表"为数据源，创建教师 – 分割窗体

➢ 通过设置窗体属性，把其他已创建的窗体转化为分割窗体

➢ 以"教师表"为数据源，创建教师表 – 数据透视表窗体，对教师表中每个系、每个职称所包含的教师人数进行统计

➢ 利用导航按钮创建一个导航窗体。设置导航按钮为：教师纵栏式、教师表格式、教师数据表窗体

任务分析

（1）多项目窗体类似于数据表，数据排列成行和列的形式，用户在窗体中可以查看多条记录。以布局视图查看窗体时，可以在窗体显示数据的同时对窗体进行设计方面的更改。

（2）分割窗体不同于主/子窗体，分割窗体的数据采用两种视图（窗体视图和数据表视图），两个视图连接到同一数据源，并且总是保持同步。

（3）数据透视表窗体，类似于交叉表查询，它是根据字段的排列方式和选用的计算方法汇总大量数据的交叉式数据表窗体。

数据透视表窗体的数据有以下三类。

（1）行字段：用于对数据分组（此时为系别）。

（2）列字段：用于对数据分组（此时为职称）。

（3）汇总或明细字段：用于对采用行、列字段分组后的数据进行统计（此时为各系及各职称所统计的人数）。

（4）创建导航窗体是创建类似菜单的导航按钮，能够在窗体中通过导航按钮浏览不同的窗体、报表等，创建导航窗体实际上就是创建了一个导航控件。

任务实施

任务2 – 1　以"教师表"为数据源，创建教师多项目窗体

步骤1. 单击左侧 Access 对象浏览器窗口，选中要创建多项目窗体的数据源"教师

表", 如图 4 – 22 所示。

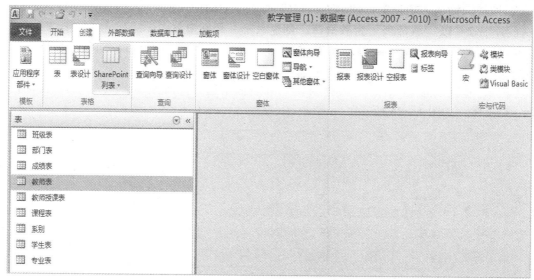

图 4 – 22　创建多项目窗体的数据源

步骤 2. 单击"创建", 在"其他窗体"列表框中选择"多个项目", 如图 4 – 23 所示, 系统就自动创建一个多项目窗体, 如图 4 – 24 所示。

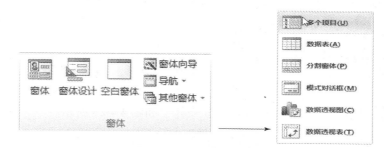

图 4 – 23　选择"多个项目"

教师编号	姓名	性别	民族	政治面貌	学历	职称	工作时间	系别	联系电话
02	高峰	男	汉	团员	本科	助教	2013-3 -2	03	1392662626
03	高文泽	男	汉	团员	博士	副教授	2000-7 -10	03	
04	李冰	男	蒙	党员	专科	讲师	2005-10-2	04	1566855265
05	李芳	女	蒙	团员	专科	讲师	2002-11-2	05	
06	刘燕	女	汉	团员	博士	教授	1989-11-10	01	0472-1111111
07	王磊	男	回	党员	硕士	讲师	2006-3 -12	05	

图 4 – 24　多项目窗体

步骤3. 此时在布局视图下，拉动布局视图中窗体的行和列，使布局效果更美观，单击"保存"按钮，输入多项目窗体的名称，完成多项目窗体的创建。

任务2－2　以"教师表"为数据源，创建教师－分割窗体

步骤1. 单击左侧 Access 对象浏览器窗口，选中要创建多项目窗体的数据源"教师表"。

步骤2. 单击"创建"，在"其他窗体"列表框中选择"分割窗体"，系统就自动创建一个分割窗体，如图4－25所示。

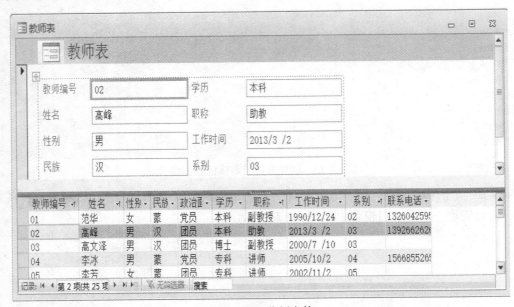

图4－25　分割窗体

步骤3. 单击"保存"按钮，保存创建的窗体，如图4－26所示。

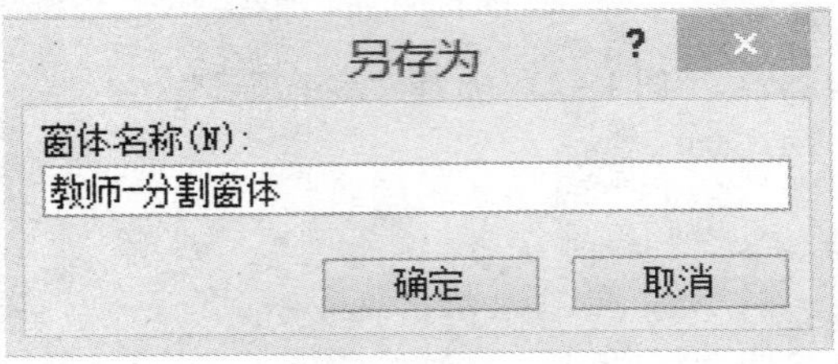

图4－26　保存分割窗体

任务2－3　以"教师表"为数据源，通过设置窗体属性，把其他已创建的窗体转化为分割窗体

步骤1. 打开查询－纵栏式窗体，单击属性表，打开窗体属性表，在"所选内容的类型"下拉式列表中选择"窗体"，如图4－27所示。

步骤2. 将属性表中"默认视图"改为"分割窗体"，"分割窗体方向"改为"数据表在下"，如图4－28所示。

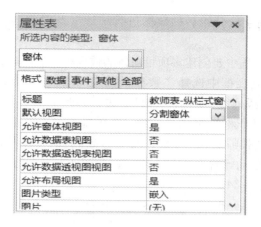

图4-27　窗体属性表　　　　　　　　图4-28　设置窗体属性

步骤3．单击"保存"按钮，保存创建的窗体。创建的窗体如图4-29所示。

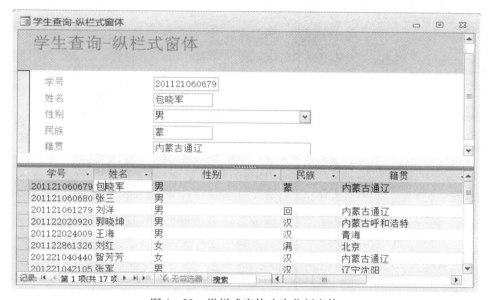

图4-29　纵栏式窗体改为分割窗体

任务2-4　以"教师表"为数据源，创建教师表-数据透视表窗体

对教师表中每个系、每个职称所包含的教师人数进行统计，如图4-30所示。

数据透视表窗体，类似于交叉表查询，它是根据字段的排列方式和选用的计算方法汇总大量数据的交叉式数据表窗体。

数据透视表窗体的数据有以下三类。

（1）行字段：用于对数据分组（此时为系别）。

（2）列字段：用于对数据分组（此时为职称）。

	教师表				
将筛选字段拖至此处					
	职称 ▾				
	副教授	讲师	教授	助教	总计
	教师人数	教师人数	教师人数	教师人数	教师人数
系列 ▾					
01	2	2	1		5
02	2	2		1	5
03	2	2		1	5
04		2	1		3
05	2	3		2	7
总计	8	11	2	4	25

图4-30　数据透视表窗体

（3）汇总或明细字段：用于对采用行、列字段分组后的数据进行统计（此时为各系及各职称所统计的人数）。

步骤 1．单击左侧 Access 对象浏览器窗口，选中要创建多项目窗体的数据源"教师表"。

步骤 2．单击"创建"，在"其他窗体"列表框中选择"数据透视表"，系统就自动出现数据透视表的设计界面，将"数据透视表字段列表"对话框拖到右边，如图 4 – 31 所示。

步骤 3．分别将行字段（系别）和列字段（职称）拖到目的地。将教师编号字段拖到中间，如图 4 – 32 所示。此时在视图中出现的是"教师编号"字段，而不是要统计的教师人数。

步骤 4．右键单击"教师编号"，选择"自动计算" | "计数"，如图 4 – 33 所示。在"总计"中自动计算了各系各职称的和，如图 4 – 34 所示。

图 4 – 31　数据透视表的设计界面

将筛选字段拖至此处				
	职称 ▼			
	副教授	讲师	教授	助教	总计
系列 ▼	教师编号 ▼	教师编号 ▼	教师编号 ▼	教师编号 ▼	无汇总信息
01	08 14	16 17	06		
02	01 11	12 18		19	
03	03 15	20 21		02	
04		04 22	10		
05	23 24	05 07 09		13 25	
总计					

图 4 – 32　将行字段和列字段拖到目的地

图4-33 对教师编号进行计数　　　　图4-34 自动计算各系各职称的和

步骤5. 右键单击"教师编号",选择"隐藏详细信息",如图4-35所示。

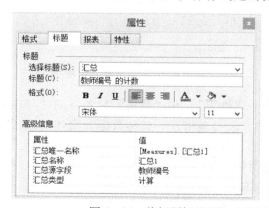

图4-35 隐藏教师编号的详细信息结果

步骤6. 右键单击"教师编号",选中"字段列表",单击"属性表",打开属性对话框。将"标题"标签下的"教师编号的计数"改为"教师人数",如图4-36所示。

步骤7. 单击"保存"按钮,保存创建的窗体,如图4-37所示。

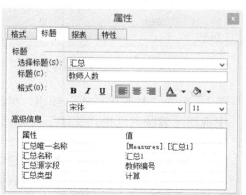

图4-36 将标题标签下的"教师编号的计数"改为"教师人数"

职称				
副教授	讲师	教授	助教	总计
教师人数	教师人数	教师人数	教师人数	教师人数

系别	副教授	讲师	教授	助教	总计
01	2	2	1		5
02	2	2		1	5
03	2	2		1	5
04		2	1		3
05	2	3		2	7
总计	8	11	2	4	25

图 4 - 37　创建的数据透视表窗体

任务 2 - 5　创建一个导航窗体。设置导航按钮为：教师纵栏式、教师表格式、教师数据表窗体

步骤 1. 单击"创建"，在"导航"下拉式菜单中选择"垂直标签，左侧"，如图 4 - 38 所示，系统就自动出现创建导航窗体界面。单击"新增"，分别输入：教师纵栏式、教师表格式、教师数据表，如图 4 - 39 所示。

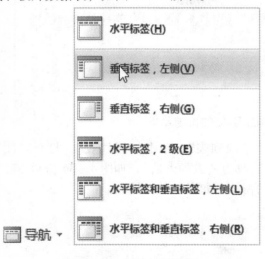

图 4 - 38　创建导航窗体

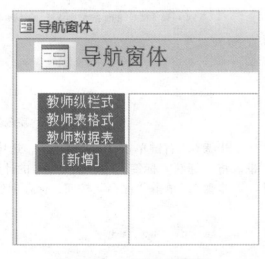

图 4 - 39　新增导航窗体项目

步骤 2. 单击"教师纵栏式"按钮，单击"属性表"，在"数据"标签下的"导航目标名称"中选择"教师 – 纵栏式窗体"导航名称。教师表格式、教师数据表窗体的设置过程同上，如图 4 - 40 所示。

步骤 3. 单击"保存"按钮，保存创建的窗体，如图 4 - 41 所示，这样就创建了导航按钮为"教师纵栏式"、"教师表格式"、"教师数据表"的导航窗体，如图 4 - 42 所示。

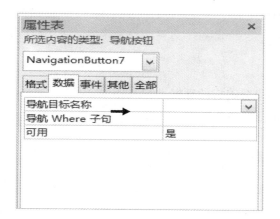
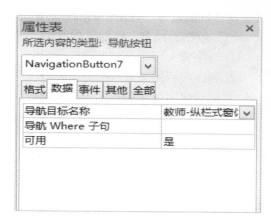

图4-40　创建纵栏式导航窗体

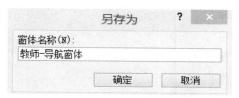

图4-41　保存窗体

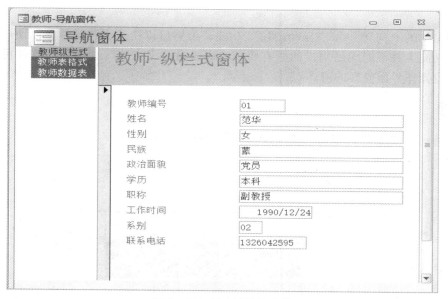

图4-42　创建的导航窗体

小　结

（1）多项目窗体类似于数据表，数据排列成行和列的形式，用户在窗体中可以查看多条记录。

（2）分割窗体是同时提供窗体视图和数据表视图两种视图来进行数据查看的窗体形式；

其他窗体可以通过设置窗体的属性转换为分割窗体。

（3）数据透视表窗体的数据有以下三类。

① 行字段：用于对数据分组。

② 列字段：用于对数据分组。

③ 汇总或明细字段：用于对采用行、列字段分组后的数据进行统计。

（4）导航窗体能够在窗体中通过导航按钮浏览多个窗体、报表。

任务 3　常见控件的设计方法

任务描述

完成以下操作：

➢ 创建一个标签示例窗体

➢ 创建一个文本框示例窗体

➢ 创建一个选项按钮示例窗体

➢ 创建一个命令按钮示例窗体

➢ 创建一个组合框和列表框示例窗体

任务分析

利用窗体的"向导"和"自动创建"功能，虽然可以快速创建窗体，以便用户应急使用，但在功能上并不能满足用户的所有要求。通过自定义方式，利用各种控件可以创建美观、漂亮且操作界面良好的窗体。

任务实施

任务 3 - 1　在窗体上创建一个如图 4 - 43 所示的标签控件

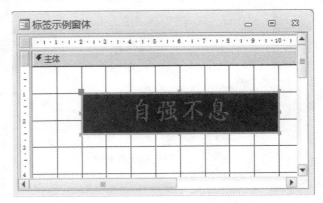

图 4 - 43　标签控件

要求如下。

● 名称：标签示例

- 标题：自强不息
- 左边距 2 cm，上边距 1 cm，控件高 1.5 cm，宽 12 cm，前景红色，背景蓝色
- 字体：楷书，28 号，加粗，居中
- 边框：实线，黄色
- 单击标签时，标签文字变为"厚德载物"，再双击标签，标签文字又变为"自强不息"。

步骤 1. 单击"创建"中的"窗体设计"图标，然后单击"属性表"，将新建窗体和属性表放在界面上，如图 4-44 所示。

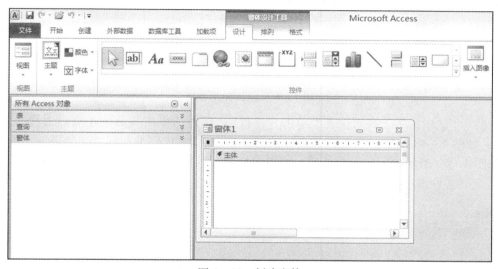

图 4-44　创建窗体

步骤 2. 将窗体保存为"标签示例窗体"，单击"确定"按钮保存窗体，如图 4-45 所示。

步骤 3. 在"窗体设计工具"中单击"标签"（即 $\boldsymbol{Aa}$ 的图标），在窗体上方滑动一个范围，即创建了一个标签控件，在标签中输入"自强不息"，如图 4-46 所示。

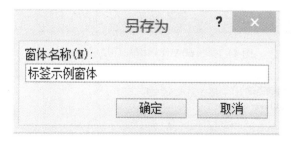

图 4-45　保存标签示例窗体

图 4-46　创建标签控件

步骤 4. 选中标签，在标签属性表中单击"格式"，分别设置控件左边距 2 cm，上边距 1 cm，控件高 1.5 cm，宽 12 cm，前景红色，背景蓝色，字体为楷书、28 号、加粗、居中，边框为实线、黄色，如图 4-47 所示，保存标签。

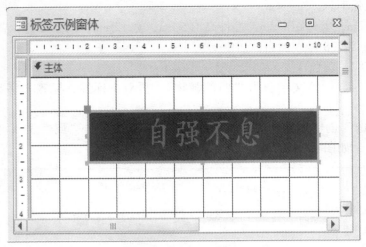

图4-47 设置标签格式

步骤5. 选中标签，在属性表中单击"事件"，选择"单击"后的小点，选择"代码生成器"，如图4-48所示。单击"确定"按钮，出现 VBA 代码编写环境，如图4-49所示。输入如图4-50所示代码，运行标签，当单击标签时，标签中的文字变为"厚德载物"。

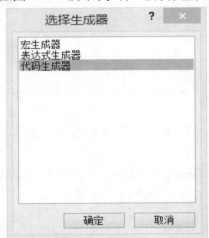

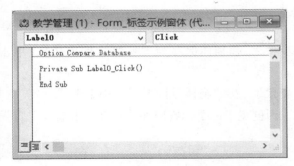

图4-48 代码生成器   图4-49 VBA 代码编写环境

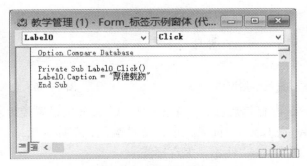

图4-50 标签单击事件

步骤6. 同步骤5，在标签中设置"双击"属性，输入代码，运行标签，当双击标签时，标签中的文字变为"自强不息"，如图4-51所示。

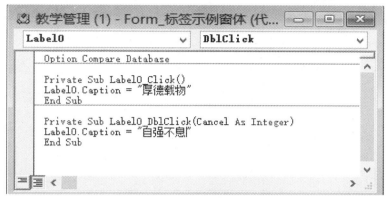

图4-51 标签双击事件

任务3-2 在窗体上创建一个如图4-52所示的文本框控件

图4-52 文本框控件

要求如下。

● 窗体名称为"文本框示例"，"记录源"属性为"教师表"

● 创建名称为"Text密码"的文本框，"控件来源"为空，"输入掩码"为密码，背景颜色为蓝色，前景颜色为红色

● 创建名称为"Text性别"的文本框，"控件来源"属性为"性别"，"默认值"为"男"，"有效性规则"为"男"或"女"

● 创建名称为"Text工作时间"的文本框，"控件来源"属性为"工作时间"，"格式"为长日期

步骤1. 单击"创建"中的"窗体设计"图标，然后单击"属性表"，将窗体新建窗体和属性表放在界面上，如图4-53所示。

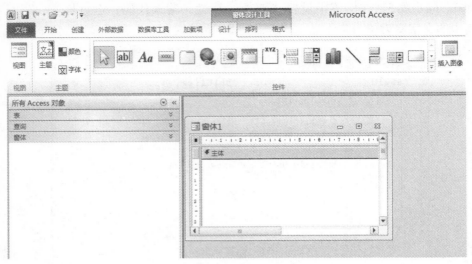

图4-53 创建文本框控件

步骤2.将窗体保存为"文本框示例窗体",单击"确定"按钮保存窗体。

步骤3.在"窗体设计工具"中单击"文本框"（即 ab 的图标），在窗体上方滑动一个范围，即创建了一个文本框控件，此时出现一个文本框向导的对话框，设置字体及对齐方式，如图4-54所示。单击"下一步"按钮，选择输入法模式，再单击"下一步"按钮，如图4-55所示。

图4-54 设置文本框字体及对齐方式

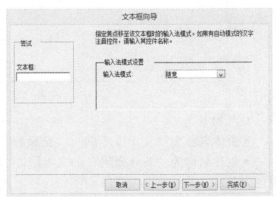

图4-55 设置文本框输入法模式

步骤4.输入文本框名称，单击"完成"按钮，如图4-56所示。在窗体中就创建了一个文本框（在创建文本框的同时，为了给文本框作一个提示说明，在文本框前面创建了一个标签控件），如图4-57所示。

步骤5.选中文本框，单击"属性表"中的"数据"，设置"数据来源"为空（默认值），如图4-58所示。

步骤6.单击"属性表"中的"格式"，设置背景颜色为蓝色、前景颜色为红色，如图4-59所示。

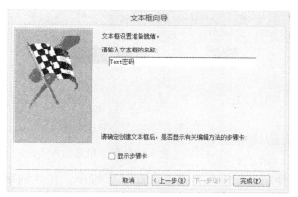

图4-56　输入文本框名称

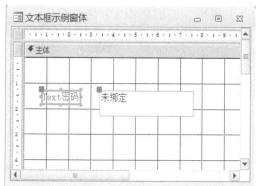

图4-57　文本框前面的标签控件

图4-58　文本框的数据来源

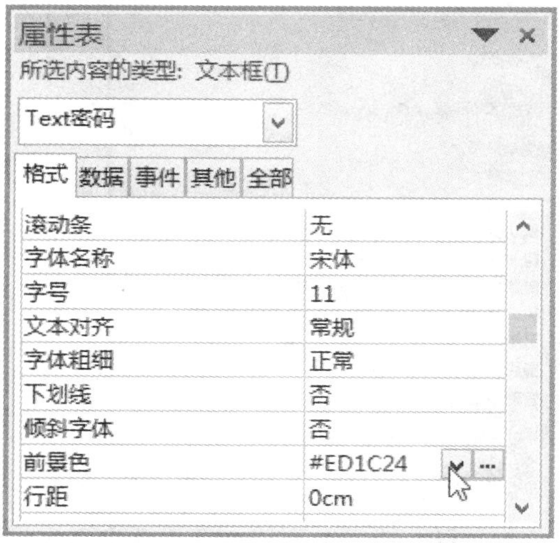

图4-59　文本框的格式设置

步骤7. 单击"属性表"中的"数据"，设置输入掩码。出现如图4-60所示对话框，选择"密码"，在如图4-61所示属性表中就设置了"输入掩码"为"密码"。

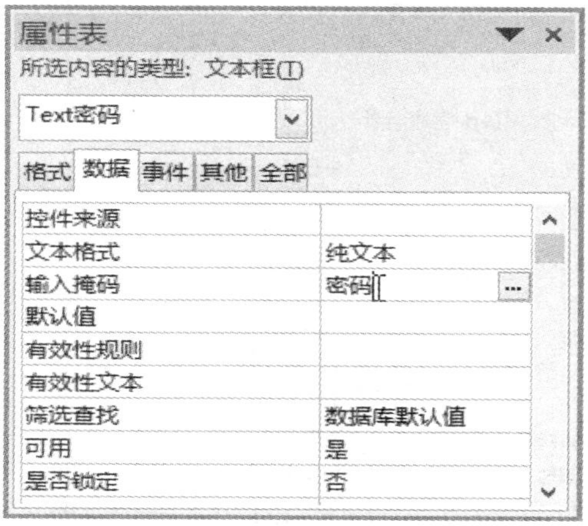

图4-60　文本框输入掩码设置

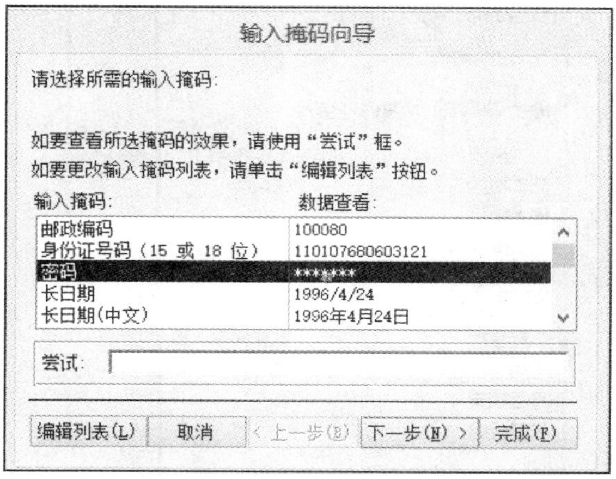

图4-61　设置文本框的输入掩码为密码

步骤8. 在窗体视图中执行窗体，在文本框中输入数据，可以看到输入的数据是以星号的方式显示的，如图4-62所示。

步骤9. 用以上方法创建第2个文本框，名称为"Text性别"，在"属性表"中设置"控件来源"属性为"性别"，"默认值"为"男"，如图4-63所示。

步骤10. 单击"有效性规则"，出现"表达式生成器"，选择"操作符"、"逻辑"、"Or"，输入："男"Or"女"，在"有效性文本"中输入"性别只能输入男或输入女"字符串，在性别字段中如果输错则给予提示，如图4-64所示。

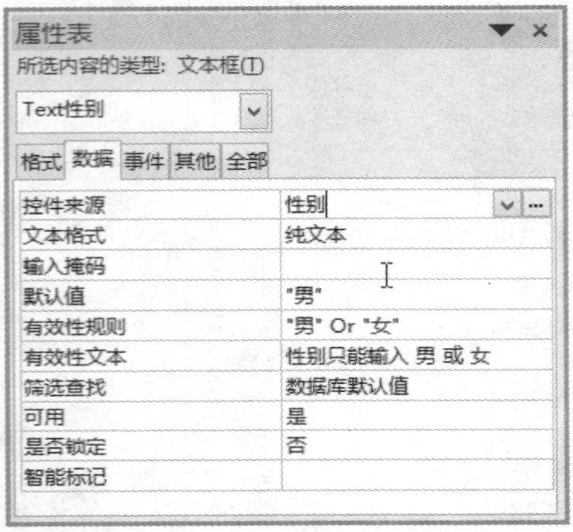

图4-62 输入的数据以星号的方式显示

图4-63 设置性别的控件来源

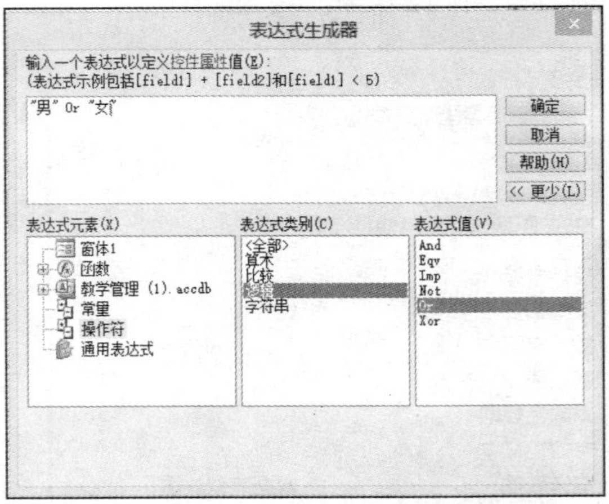

图4-64 有效性规则中的表达式生成器设置

步骤11. 用以上方法创建第3个文本框，名称为"Text工作时间"，在"属性表"中设置"控件来源"属性为"工作时间"，如图4-65所示。"格式"为"长日期"，"显示日期选取器"为"为日期"，如图4-66所示。

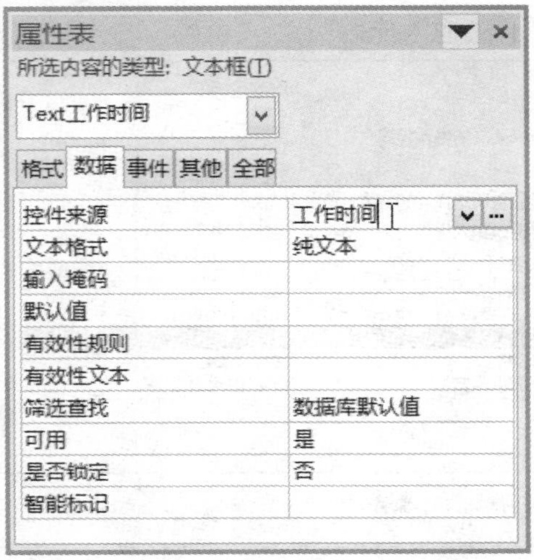

图4-65 设置工作时间的控件来源

图4-66 设置工作时间格式

步骤12. 最终窗体的文本框设计的设计视图如图4-67所示，窗体视图如图4-68所示。

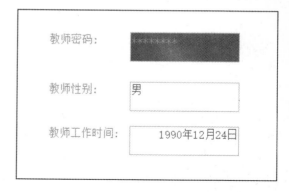

图4-67 文本框设计的设计视图　　　　　图4-68 文本框设计的窗体视图

任务3-3 创建一个选项按钮示例窗体，如图4-69所示

要求如下。

• 窗体名称为"选项按钮示例"，"记录源"为"教师表"

• 创建名称为"Text教师姓名"的文本框，"控件来源"属性为"姓名"

• 分别依次创建"Toggle党员"切换按钮、"Option党员"单选按钮、"Check党员"复选按钮，均绑定到"政治面貌"字段

图4-69 选项按钮示例

步骤1. 单击"创建"中的"窗体设计"图标，然后单击"属性表"，将窗体新建窗体和属性表放在界面上，如图4-70所示。

图4-70 创建选项按钮示例窗体

步骤2. 将窗体保存为"选项按钮示例"，单击"确定"按钮保存窗体，如图4-71所示。

步骤3. 将窗体的"记录源"设置成"教师表"。在"所选内容的类型"中选择"窗体",将"数据"下的"记录源"设置成"教师表",如图4-72所示。

图4-71　保存窗体为选项按钮示例　　　　　图4-72　设置窗体的记录源为教师表

步骤4. 单击"窗体设计工具"中的"添加现有字段",在"字段列表"中将"姓名"字段拖入窗体中。剪切掉"姓名"的标签信息,只留下文本框,如图4-73和图4-74所示。

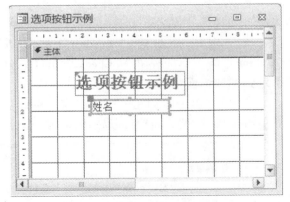

图4-73　将姓名字段拖到窗体中　　　　　图4-74　剪切姓名的标签信息

步骤5. 在"窗体设计工具"中单击"切换按钮"(即█图标),在窗体上方滑动一个范围,即创建了一个切换按钮控件,如图4-75所示。将切换按钮控件的"名称"改为"Toggle党员",标题设置为"是否党员","控件来源"设置为"政治面貌",如图4-76所示。

步骤6. 在"窗体设计工具"中单击"单选按钮"(即●图标),在窗体上方滑动一个范围,即创建了一个单选按钮控件。将单选按钮控件标签设置为"是否党员","名称"设置为"Option党员",前景色设置为红色。如图4-77所示。

步骤7. 在"窗体设计工具"中单击"单选按钮"(即✓图标),在窗体上方滑动一个范围,即创建了一个复选按钮控件。将复选按钮控件标签设置为"是否党员","名称"设置为"Check党员",前景色设置为红色,如图4-78所示。

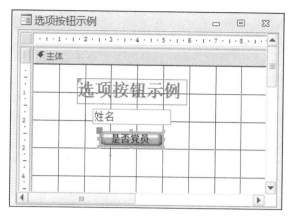

图4-75　创建切换按钮控件

图4-76　切换按钮控件属性设置

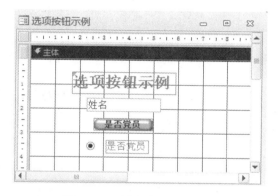

图4-77　创建单选按钮控件

图4-78　创建复选按钮控件

步骤8. 保存窗体，切换到窗体视图，运行窗体，结果如图4-79所示。

图4-79　选项按钮示例结果

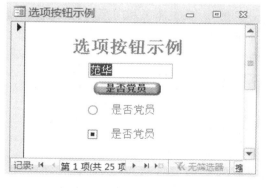

图4-80　命令按钮示例

任务3-4　创建一个如图4-80所示的命令按钮窗体
要求如下。

- 整个窗体由主体、窗体页眉/页脚组成
- 导航按钮、记录选择器、分割线均为"否"
- 宽9 cm，主体高2.5 cm，页眉高1.5 cm，窗体页脚高2.5 cm

● 在页眉中添加一个标签控件，显示"命令按钮示例"

● 主体区利用字段列表添加教师姓名、性别、职称、联系电话信息

● 在窗体页脚区域添加按钮，按钮从左到右依次为：首记录、上一记录、下一记录、尾记录、删除记录、保存记录，最后将所有按钮控件组合成一个组。

步骤1. 单击"创建"中的"窗体设计"图标；在"主体"上单击鼠标右键，打开快捷菜单，如图4-81所示。选择"窗体页眉/页脚"，创建窗体页眉和页脚。

步骤2. 设置窗体的宽9 cm，主体高2.5 cm，页眉高1.5 cm，窗体页脚高2.5 cm，将"导航按钮"、"记录选择器"均设置为"否"。将窗体保存为"选项按钮示例"，单击"确定"按钮保存窗体，如图4-82所示。

图4-81　主体快捷菜单

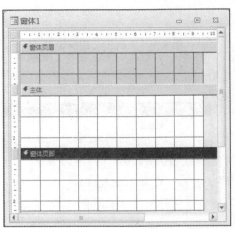

图4-82　设置窗体宽度和主体高度

步骤3. 设置窗体的"记录源"为"教师表"。在窗体页眉中添加一个标签控件，标题为"命令按钮示例"，"格式"为红色、加粗、隶书、20号字，如图4-83所示。

步骤4. 在主体区利用字段列表添加教师姓名、性别、职称、联系电话信息。单击"设计"、"添加现有字段"，将姓名、性别、职称、联系电话字段拖入到窗体中，将前面的标签改为"教师姓名"、"教师性别"、"教师职称"、"教师联系电话"，如图4-84所示。

图4-83　添加标签控件

图4-84　添加字段落信息

步骤5. 确定"使用控件向导"为选中状态。单击"工具箱"下拉菜单，选中"使用控件向导"，如图4-85所示。

图4-85 使用控件向导

步骤6. 选择"工具箱"中的"按钮"工具，在窗体中拖动一个范围，打开"命令按钮向导"对话框，选择"记录导航"的"转至第一项记录"，单击"下一步"按钮，如图4-86所示。

步骤7. 在"文本"和"图片"单选框中选择图片，单击"下一步"按钮，如图4-87所示。

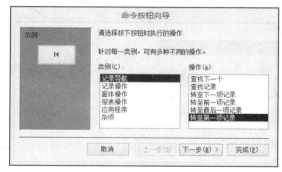

图4-86 选择按钮执行的操作

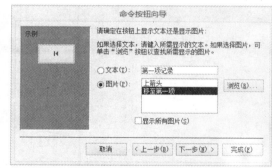

图4-87 选择显示文本或图片

步骤8. 为按钮指定名称。在如图4-88所示对话框中输入按钮名称为"Command首记录"，单击"完成"按钮就创建了一个如图4-89所示的命令按钮。

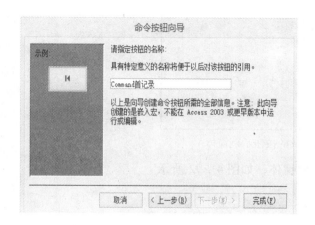

图4-88 为按钮指定名称

图4-89 创建的按钮

步骤9. 重复上述步骤,将所需要的命令按钮逐个创建到窗体中。

步骤10. 将文本框和命令按钮对齐。按 Shift 键选中全部标签,单击"排列"中的"对齐",选择"靠左对齐",选择"大小/空格"中的"垂直相等",使得垂直间距相等;同理,选中全部文本框,以同样的方式将文本框对齐。

步骤11. 选中全部按钮,设置"向上对齐"和"水平相等",设置按钮的对齐方式,使得按钮全部对齐。

步骤12. 选中全部按钮,选择"大小/空格"中的"组合",就将所有的按钮组合在一起,如图4-90所示。创建完成的按钮示例窗体如图4-91所示。

图4-90 排列按钮

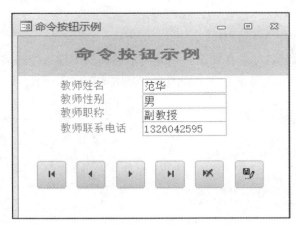

图4-91 创建完成的按钮示例窗体

任务3-5 创建一个组合框和列表框示例窗体,如图4-92所示

要求如下。

● 窗体名称为"组合框和列表框示例",记录源为"教师表"

图4-92 组合框和列表框示例窗体

● 创建名称为"Text 教师姓名"的文本框,"控件来源"属性为"姓名"

● 创建"Combox 职称输入选项"的组合框,组合框中选项直接输入,将所选的值存入"教师表"的"职称"字段中

步骤1. 单击"创建"中的"窗体设计"图标;单击"属性表",将"记录源"设置为"教师表"。

步骤2. 将窗体保存为"组合框和列表框示例",单击"确定"按钮保存窗体。

步骤3. 在窗体中插入标签控件,标题为"组合框和列表框示例","格式"为红色、加粗、隶书、20号字。

步骤4. 单击"设计"中的"添加现有字段",将"教师表"中的"姓名"字段拖动到窗体中,将姓名的标签剪切掉,设置姓名的格式为居中、加粗、隶书、红色、16号字,如图4-93所示。

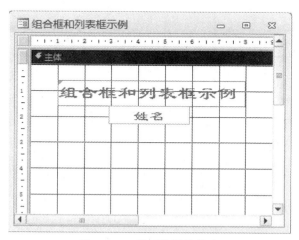

图4-93 设置控件的格式

步骤5. 确定"使用控件向导"为选中状态。选择"工具箱"中的"组合框"工具,在窗体中拖动一个范围,打开"组合框向导"对话框,此时默认值为"使用组合框获取其他表或查询中的值"。选择第二个选项"自行键入所需的值",单击"下一步"按钮,如图4-94所示。

步骤6. 在组合框向导对话框中直接输入选项（助教、教师、副教授、教授），如图4－95所示，单击"下一步"按钮。

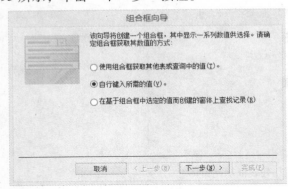 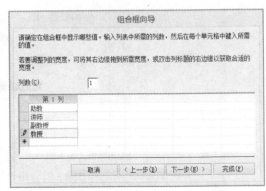

图4－94　组合框向导　　　　　　　　　图4－95　输入选项

步骤7. 选择"将该数值保存在这个字段中"选项，在保存字段的下拉式菜单中选择"职称"，如图4－96所示，单击"下一步"按钮。

步骤8. 在"请为组合框指定标签"对话框中输入"教师职称输入"，如图4－97所示，单击"完成"按钮。

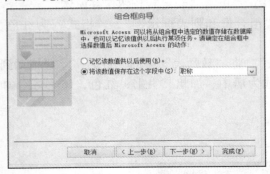 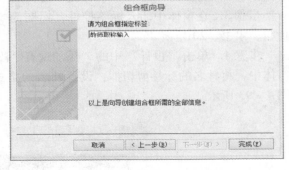

图4－96　保存字段为职称　　　　　　　图4－97　为组合框指定标签

步骤9. 添加列表框。确定"使用控件向导"为选中状态。选择"工具箱"中的"列表框"工具，在窗体中拖动一个范围，打开"列表框向导"对话框，选中默认值"使用列表框获取其他表或查询中的值"，单击"下一步"按钮，如图4－98所示。

步骤10. 在列表框向导中"请选择为列表框提供数值的表或查询"中选择"表：教师表"，如图4－99所示，单击"下一步"按钮。

步骤11. 在"可用字段"中选择"职称"字段，如图4－100所示，单击"下一步"按钮。

步骤12. 在"请确定要为列表框中的项使用的排序次序"中选择"职称"字段，如图4－101所示，单击"下一步"按钮。

步骤13. 在"请指定列表框中列的宽度"中调整宽度，如图4－102所示，单击"下一步"按钮。

步骤14. 设置将字段保存在"职称"字段中，如图4－103所示，单击"下一步"按钮。

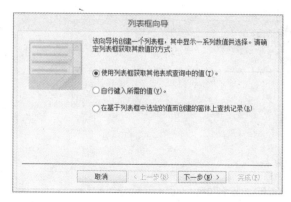

图4－98　使用列表框获取其他表或查询中的值

图4－99　为列表框提供数值的表或查询

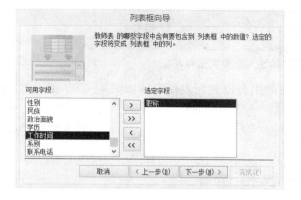

图4－100　列表框向导

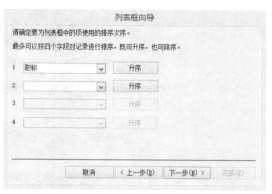

图4－101　确定要为列表框中的项使用的排序次序

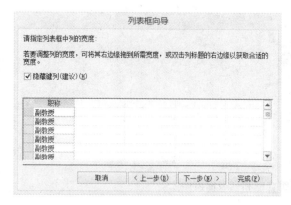

图4－102　指定列表框中列的宽度

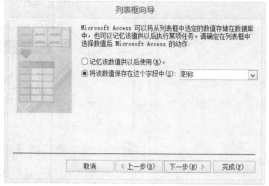

图4－103　保存数值到字段

步骤15. 为列表框指定标签为"教师职称列表"，如图4－104所示，单击"完成"按钮。

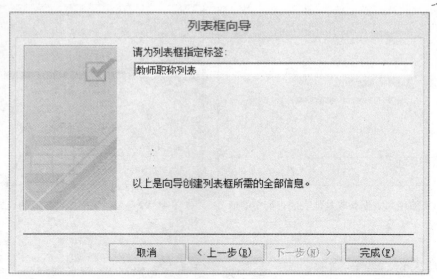

图4-104　将列表框指定标签为教师职称列表

步骤16. 设置列表框的相关属性，形成最终的组合框和列表框窗体如图4-105所示。

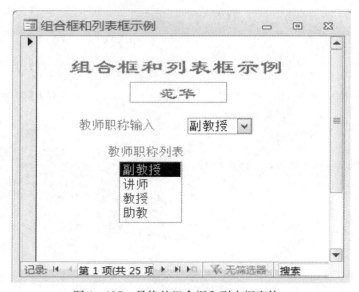

图4-105　最终的组合框和列表框窗体

小　结

（1）标签控件用于显示窗体上一些说明性的文字，一般情况是静态不会变化的。标签控件的属性有名称、标题、左边距、上边距、前景色、背景色等。

（2）文本框控件用于显示、输入或编辑数据，也可以显示结果。文本框控件是进行数据输入的主要控件。

（3）选项控件用于显示二值状态，通常显示"是/否"数据类型的字段，选项控件有三种：切换按钮，单选按钮，复选按钮。

（4）命令按钮用于接收用户的操作，可以启动一个操作或一组操作。创建命令按钮可以使用命令按钮创建向导来创建，在命令按钮向导中，系统内部指定了三十多种不同类型的命令按钮，通过选择向导中命令按钮的类别来选择具体操作的命令按钮。

（5）组合框和列表框用于将一组有限的选项让用户输入。组合框既可以选择数据，也可以在文本域中输入选项中没有的数据；列表框只能选择数据。

任务4 设计自定义窗体

任务描述

完成以下自定义窗体操作：
➢ 创建一个名为"窗体属性设置"的窗体
➢ 自定义窗体综合设计

任务分析

利用任务3中学习过的相关的控件设计方法，创建一个自定义的窗体。通过这个综合性的设计，形成一个美观、完整的窗体。

任务实施

任务4-1 创建一个名为"窗体属性设置"的窗体
要求如下。

• 窗体由主体、窗体页眉、窗体页脚、页面页眉、页面页脚组成。其中，窗体宽8 cm，主体高5 cm，窗体页眉、窗体页脚各高1.5 cm
• 设置窗体页眉、窗体页脚、页面页眉、页面页脚背景为绿色，主体背景为红色
• 设置窗体属性，图片属性为指定背景，图片类型为"嵌入"，缩放模式为"拉伸"
• 设置窗体标题为"教师信息"，记录源为"教师表"，允许添加、允许插入、允许编辑均为"否"，在窗体上添加字段信息"教师编号"、"姓名"、"职称"
• 设置窗体边框样式为"对话框边框"，导航按钮为"是"，记录分割线为"否"

预备知识

窗体的常用属性是指在窗体中包含的一些基本组成要素，包括图标、标题、位置和背景等，这些要素可以通过窗体的属性面板进行设置，也可以通过代码实现。但是为了快速开发窗体应用程序，通常都是通过"属性"面板来进行设置。在属性表中通常设置以下内容。

（1）记录源：指定窗体所链接显示的数据（可以是表、查询、SQL语句）。
（2）标题：用于设置窗体标题区显示的信息。
（3）默认视图：用于设置窗体执行时的基本形式。
（4）滚动条：用于决定窗体是否需要滚动条。
（5）导航按钮：定义是否在窗体最下方显示记录导航条。

（6）分割线：是否在记录之间画线。

（7）边框样式：调整边框的效果。

（8）宽度：设置整个窗体的宽度，窗体各节都采用该宽度。

（9）图片：设置窗体背景图。

（10）图片类型：选项有"嵌入"和"链接"。

（11）图片缩放方式：选项有"剪辑"、"拉伸"、"缩放"等。

步骤1．单击"创建"中的"窗体设计"图标；单击"属性表"，将"记录源"设置为"教师表"，如图4－106所示。

步骤2．将窗体保存为"窗体属性设置"，单击"确定"按钮保存窗体，如图4－107所示。

图4－106　设置记录源教师表

图4－107　保存窗体

步骤3．在"主体"上单击鼠标右键，打开快捷菜单，选择"窗体页眉/页脚"，添加窗体页眉和页脚。

步骤4．打开窗体属性表，设置窗体的宽8 cm，主体高5 cm，窗体页眉、窗体页脚各高1.5 cm。结果如图4－108所示。

步骤5．设置窗体页眉、窗体页脚背景为绿色，主体背景为红色，如图4－109所示。

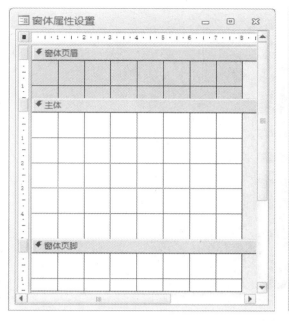

图4-108　设置窗体及主体的宽和高

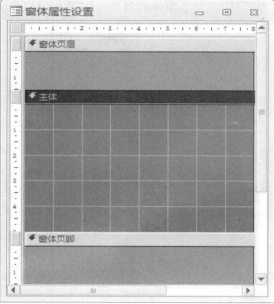

图4-109　设置窗体及页眉页脚背景色

步骤6. 设置窗体属性。图片属性为指定背景，图片类型为"嵌入"，缩放模式为"拉伸"，如图4-110所示。

步骤7. 设置窗体标题为"教师信息"，记录源为"教师表"，"允许添加"、"允许插入"、"允许编辑"均为"否"，在窗体上添加字段信息"教师编号"、"姓名"、"职称"，设置字体颜色及字型号，如图4-111所示。

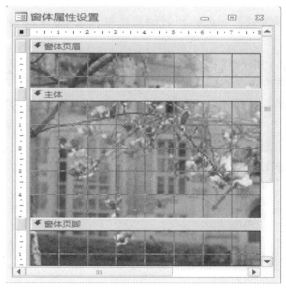

图4-110　设置窗体的背景图

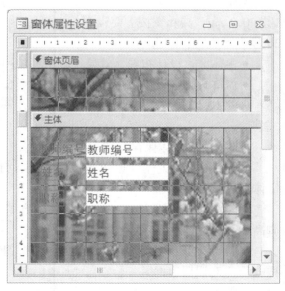

图4-111　在窗体中添加字段

步骤8. 设置窗体边框样式为"对话框边框"，导航按钮为"是"，记录分割线为

"否"，完成整个窗体的创建，如图4－112所示。

图4－112　窗体属性设置

任务4－2　创建如图4－113所示的"教师信息输入"窗体

要求如下。

● 窗体：整个窗体由主体、窗体页眉页脚组成；导航按钮、记录选择按钮、分割线均为"否"；窗体宽12 cm，主体高6 cm，窗体页眉高2 cm，窗体页脚高2 cm。窗体标题为"教师信息输入"。

● 窗体页眉：加入一个图片控件，命名为"Image标题图片"，控件左边距0.5 cm，上边距0.2 cm，高和宽按需要设定。中间加一标签控件，标题为"教师信息输入"，设置其为20号字、加粗、蓝色。

● 主体区：设计布局、效果。政治面貌用组合框选择数据（党员、团员、群众）。

● 窗体页脚：设置数据导航及相关命令操作按钮。

步骤1. 单击"创建"中的"窗体设计"图标；单击"属性表"，将"记录源"设置为"教师表"。

步骤2. 将窗体保存为"教师信息输入"，单击"确定"按钮保存窗体。

步骤3. 在"主体"上单击鼠标右键，打开快捷菜单，选择"窗体页眉/页脚"，添加窗体页眉和页脚。

步骤4. 打开窗体属性表，设置窗体宽12 cm，主体高6 cm，窗体页眉高2 cm，窗体页脚高2 cm。

步骤5. 打开窗体属性表，设置导航按钮、记录选择器按钮、分割线均为"否"，边框样式为"对话框边框"。

步骤6. 将窗体的标题设置为"教师信息输入"。

步骤7. 选择"图片"对象，在"窗体页眉"左部创建一个图像控件。选择图片。在"图像属性表"中选择"缩放模式"为"拉伸"，将图片名称命名为"Image标题图片"，

"图片类型"设置为"嵌入",设置"左边距"为 0.5 cm,"上边距"为 0.2 cm。

步骤8. 选择"标签"按钮,在"窗体页眉"中部建立一个标签控件。输入"教师信息录入",设置字体为黑体、20 号、加粗、蓝色。

步骤9. 分别将"教师编号"、"姓名"、"工作时间"、"联系电话"字段添加到窗体的主体中,"性别"字段用"选项组"设计,"政治面貌"字段用"组合框"设计。

步骤10. 在页脚中设计"命令按钮"。

最终窗体设计视图如图 4 - 113 所示,窗体布局视图如图 4 - 114 所示。

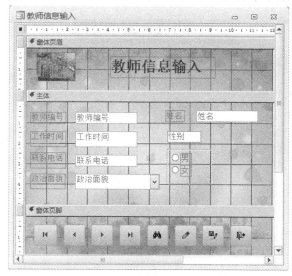

图 4 - 113　窗体设计视图

图 4 - 114　窗体布局视图

小　结

利用窗体的"向导"和"自动创建"功能,虽然可以快速创建窗体,以便用户应急需要,但在功能上并不能满足用户的要求。通过自定义方式,利用各种控件可以创建美观、漂亮且操作界面良好的窗体。

实　　训

1. 利用"学生表",自动创建纵栏式、表格式和数据表窗体,分别命名为:"学生纵栏式窗体"、"学生表格式窗体"、"学生数据表窗体"。

2. 在"教学管理. accdb"数据库中创建一个"纵栏式"窗体,用于显示"教师"表中的信息。

3. 以"教师"表为数据源自动创建一个"数据透视表"窗体,用于计算各学院不同职称的人数。

4. 以"学生"表和"选课成绩"表为数据源创建一个嵌入式的主/子窗体。

5. 以"教师表"为数据源,创建教师 - 分割窗体。

6. 创建一个标签示例窗体。在窗体上创建一个如图 4 - 115 所示的标签控件。要求如下。

 （1）名称：标签示例。

 （2）标题：标签示例窗体1。

 （3）左边距1 cm，上边距1 cm，控件高1.5 cm，宽12 cm，前景蓝色，背景红色。

 （4）字体：宋体、24号、加粗、居中。

 7. 创建一个如图4-116所示的文本框示例窗体。

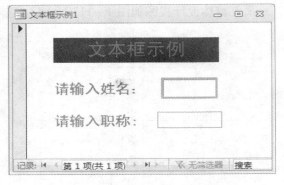

<table>
<tr><td>图4-115 标签示例窗体</td><td>图4-116 文本框示例窗体</td></tr>
</table>

 8. 创建一个如图4-117所示的命令按钮示例窗体。要求：设置窗体的"记录源"为"学生表"，窗体的宽10 cm，主体高6 cm。

 9. 创建属性设置示例窗体。

 创建一个"窗体属性设置"窗体，如图4-118所示。要求如下。

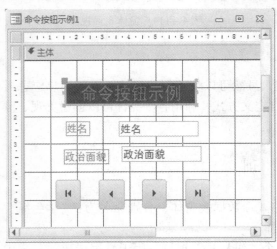

<table>
<tr><td>图4-117 命令按钮示例窗体</td><td>图4-118 属性设置示例窗体</td></tr>
</table>

 （1）窗体由主体、窗体页眉、窗体页脚构成。其中，窗体宽8 cm，主体高5 cm，窗体页眉页脚各高1.5 cm。

 （2）设置窗体页眉背景为草绿色，主体背景为红色，窗体页脚背景为黄色（此时可单击"窗体视图"查看效果）。

 （3）设置窗体属性：图片属性为指定背景，图片类型为"嵌入"，图片缩放模式为

"拉伸"。

（4）设置窗体属性：窗体边界风格为"对话框"，导航按钮为"否"，记录选择器为"否"，分割线为"否"。

10．设计一个"教师奖励信息"窗体。

要求如下。

（1）在窗体的页眉节区位置添加一个标签控件，其名称为"标题"，标题显示为"教师奖励信息"。

（2）在主体节区位置添加一个选项组控件，将其命名为"选项组"，选项组标签显示内容为"奖励"，名称为"奖励"。

（3）在选项组内放置两个单选按钮控件，选项按钮分别命名为"opt1"和"opt2"，选项按钮标签显示内容分别为"有"和"无"，名称分别为"bopt1"和"bopt2"。

（4）在窗体页脚节区位置添加两个命令按钮，分别命名为"com1"和"com2"，按钮标题分别为"确定"和"退出"。

（5）将窗体标题设置为"教师奖励信息"，设计视图结果如图4-119所示。

图4-119　设计视图效果

思考与练习

一、填空题

1．窗体的数据来源可以是（　　　　）或（　　　　）。

2．使用"自动窗体"创建的窗体，有（　　　）、（　　　）和（　　　）三种形式。

3．窗体属性对话框有5个选项卡：（　　　）、（　　　）、（　　　）、（　　　）和全部。

4．（　　　）是用户和 Access 应用程序之间的主要界面。

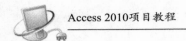
二、简答题

1. 窗体有哪些主要功能?

2. 根据显示数据的不同，Access 分为哪 6 种类型的窗体?

3. 窗体通常由哪 5 部分组成?

项目 5

报表设计

● 学习目标 ▄▄▄▄▄▄▄▄▄▄▄▄▄▄▄▄

　❊ 了解报表的功能和类型
　❊ 熟悉使用向导创建报表
　❊ 熟练掌握使用设计视图创建报表
　❊ 熟练掌握美化和打印报表

预备知识

前面学习了窗体，再学习报表就会觉得比较容易。报表和窗体类似，是专门为打印而设计的窗体。不同之处在于，窗体可以与用户进行信息交互，而报表没有交互功能，只能用于浏览、打印和输出数据。本章主要结合典型实例任务介绍报表的一些基本应用操作，如报表的创建、报表的设计及报表的存储和打印等内容。建立报表和建立窗体的过程基本一样，只是窗体最终显示在屏幕上，而报表还可以打印在纸上。

报表是数据库数据输出的一种对象，主要作用是比较和汇总数据，显示经过格式化且分组的信息，并可以将它们打印出来。建立报表是为了以纸张的形式保存或输出数据，利用报表可以控制数据内容的大小和外观，排序、汇总相关数据，输出数据到屏幕或打印设备上。

1. 报表的分类

报表主要分为以下 4 种类型：纵栏式报表、表格式报表、图表报表和标签报表。下面分别进行说明。

1）纵栏式报表

纵栏式报表（也称为窗体报表）一般是在一页的主体节内以垂直方式显示一条或多条记录。这种报表可以显示一条记录的区域，也可同时显示多条记录的区域，适合记录少、字段较多的情况。

2）表格式报表

表格式报表以行和列的形式显示记录数据，通常一行显示一条记录、一页显示多行记录。表格式报表与纵栏式报表不同，字段标题信息不是在每页的主体节内显示，而是在页面页眉显示。可以在表格式报表中设置分组字段、显示分组统计数据，适合记录较多、字段较少的情况。

3）图表报表

图表报表是指在报表中使用图表，这种方式可以更直观地表示出数据之间的关系。不仅美化了报表，而且可使结果一目了然。Access 提供了多种图表，包括折线图、柱形图、饼图、环形图、三维条形图等。图表报表一般适用于综合、归纳、比较等场合。

4）标签报表

标签报表是一种特殊类型的报表，将报表数据源中少量的数据组织在一起，通常用在打印书签、名片、信封、邀请函等特殊用途。

在上述各种类型报表的设计过程中，根据需要可以在报表页中显示页码、报表日期甚至使用直线或方框等来分隔数据。此外，报表设计可以同窗体设计一样设置颜色和阴影等外观属性。

2. 报表的视图

在 Access 中，报表操作提供了 3 种视图：设计视图、打印预览视图和版面预览视图。设计视图用于创建和编辑报表的结构；打印预览视图用于查看报表的页面数据输出形态；版面预览视图用于查看报表的版面设置。3 个视图的切换可以通过"报表设计"工具栏中"视图"工具按钮右侧下拉菜单中的 3 个按钮："设计"视图、"打印预览"视图和"版面预览"视图来进行选择。

3. 报表的结构

在报表的"设计"视图中，区段被表示成带状形式，称为"节"。报表中的信息可以安排在多个节中，每个节在页面上和报表中具有特定的目的并按照预期顺序输出打印。与窗体的"节"相比，报表区段被分为更多种类的节。

1）报表页眉节

在报表的开始处，即报表的第一页打印一次。报表页眉用来显示报表的标题、图形或说明性文字，每份报表只有一个。一般来说，报表页眉主要用在封面。

2）页面页眉节

页面页眉中的文字或控件一般输出显示在每页的顶端。通常，它是用来显示数据的列标题。可以给每个控件文本标题加上特殊的效果，如颜色、字体种类和字体大小等。

一般来说，把报表的标题放在报表页眉中，该标题打印时在第一页的开始位置出现。如果将标题移动到页面页眉中，则该标题在每一页上都显示。

3）组页眉节

根据需要，在报表设计 5 个基本的"节"区域的基础上，还可以使用"排序与分组"属性来设置"组页眉/组页脚"区域，以实现报表的分组输出和分组统计。组页眉节主要安排文本框或其他类型控件显示分组字段等数据信息。

可以建立多层次的组页眉及组页脚，但不可分出太多的层（一般控制在 3 ~ 6 层）。

4）主体节

主体节用来定义报表中最主要的数据输出内容和格式，将针对每条记录进行处理，各字段数据均要通过文本框或其他控件（主要是复制框和绑定对象框）绑定显示，可以包含通过计算得到的字段数据。

5）组页脚节

组页脚节内主要安排文本框或其他类型控件显示分组统计数据。打印输出时，其数据显示在每组结束位置。在实际操作中，组页眉和组页脚可以根据需要单独设置使用。可以从“视图”菜单中选择“排序与分组”选项。

6）页面页脚节

一般包含页码或控制项的合计内容，数据显示安排在文本框和其他一些类型控件中，在报表每页底部打印页码信息。

7）报表页脚节

该节区一般是在所有的主体和组页脚输出完成后，才会打印在报表的最后面。通过在报表页脚区域安排文本框或其他一些类型控件，可以显示整个报表的计算汇总或其他的统计数字信息。

任务1 创建学生信息报表

任务描述

在教学管理数据库中使用自动“报表”功能创建学生信息报表。

任务分析

“报表”工具是一种快捷创建报表的方法。在实际应用过程中，为了提高报表的实际效率，对一些简单的报表可以使用系统提供的自动生成报表的工具，然后再根据需要进行修改。

任务实施

步骤1. 打开“教学管理”数据库，在导航窗格中双击“学生表”作为报表的数据源。打开的“学生表”如图5－1所示。

学生表

学号	姓名	性别	民	出生日期	政治面貌	入学成	地址	照片	籍贯	班级编号
201121060679	包晓军	男	蒙	1996/1/20	团员	360	通辽市奈曼旗	Package	内蒙古通辽	Gjzgc1104
201121060680	张三	男		1991/12/20		0				
201121061279	刘洋	男	回	1993/10/16	团员	420	通辽市	Package	内蒙古通辽	Gjzgc1104
201122020920	郭晓坤	男	汉	1990/10/20	中共预备党员	360	北京海淀区		内蒙古呼和浩	Gtxxh1106
201122024009	王海	男	汉	1985/5/4	群众	438	青海	Package	青海	Gtxxh1106
201122861326	刘红	女	满	1990/10/12	党员	410	北京海淀区	Package	北京	Gtxxh1106
201221040440	智芳芳	女	汉	1992/1/16	团员	290	包头市九原区		内蒙古通辽	Gtxxh1106
201221042105	张军	男	汉	1994/5/4	团员	300	辽宁沈阳		辽宁沈阳	Gjtyy1216
201221060765	李勇	男	汉	1992/9/26	团员	380	通辽市后旗	Package	内蒙古通辽	Gjdsb1220
201222860601	黄磊	男	汉	1989/6/12	党员	460	赤峰市阿旗		内蒙古赤峰	Gjtyy1217
201222860602	王杰	女	汉	1992/6/20	团员	350	包头市昆区钢铁大街6	Package	内蒙古包头	Gtdgc1213
201222861342	张雪	女	汉	1993/2/10	团员	400	包头市东河区西二街	Package	内蒙古包头	Gjtyy1217
201222866405	王琨	女	汉	1997/3/26	群众	380	呼和浩特赛汉区	Package	内蒙古呼和浩	Gjtyy1216
201223781216	张波	男	汉	1988/4/18	团员	276	呼和浩特新城区		内蒙古呼和浩	Gtdgc1213
201223810520	刘琦	男	汉	1991/11/8	团员	310	内蒙古临河		内蒙古临河	Gjdsb1220
201223973506	刘燕	女	蒙	1990/8/10	党员	240	包头东河区公七街	Package	内蒙古集宁	Gtxxh1106
201223976408	张丽	女	汉	1996/8/12	团员	460	包头青山区民主路25	Package	内蒙古呼和浩	Gtdgc1213
						0				

记录: 第1项(共17项 搜索

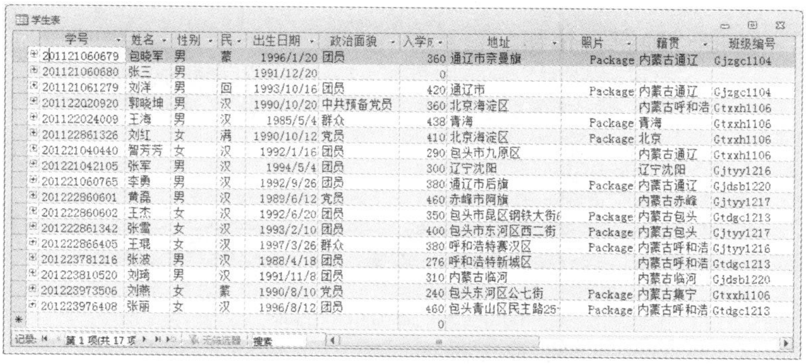

图5－1 打开的“学生表”

步骤2. 在功能区“创建”选项卡的“报表”组中，单击“报表”按钮，如图5－2所示。

步骤3. 屏幕显示系统自动生成的报表，如图5－3所示。此时Access进入布局视图，主窗口上面功能区切换为“报表布局工具”，使用这些工具可以对报表进行简单的编辑和修饰。

图 5 - 2　创建报表的工具

图 5 - 3　系统自动生成的报表

步骤 4.　单击窗体左上角的"保存"按钮，打开如图 5 - 4 所示的对话框，输入报表名称"学生报表"，单击"确定"按钮。

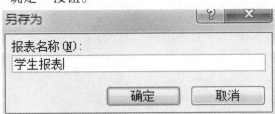

图 5 - 4　输出报表名称

步骤 5.　由于生成的报表在一行中不能给出一个人的全部信息，因此需要调整报表布局。单击需要调整列宽的字段，将光标定位在字段的分隔线上，光标形状变成"↔"时按住左键左右拖动鼠标，即可根据需要调整显示字段的宽度，使一个人的数据完整显示在一页中。

步骤 6.　保存修改后的报表，单击屏幕左上角的"视图"按钮，选择"打印预览"后进入打印预览视图，如图 5 - 5 所示。此时，主窗体上方的功能区切换为与打印参数设置相关的工具。

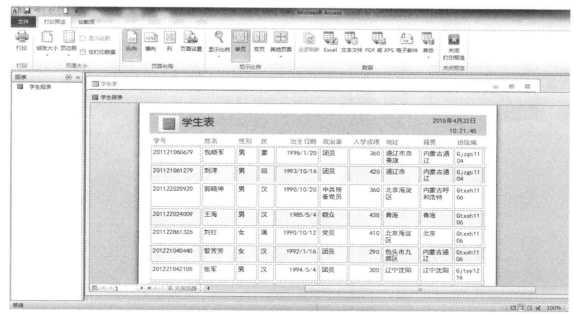

图 5 - 5　布局调整后打印预览时的报表

步骤 7. 单击"关闭打印预览"按钮，即可返回"布局视图"。

小　结

使用"报表"组中的"报表"按钮可以快速地创建报表，但是报表中不能对显示的字段和记录进行选择，自动显示数据表中的所有记录和字段。

任务 2　创建各系教师信息统计报表

任务描述

使用报表向导创建各系教师信息统计报表。

任务分析

使用"报表"工具创建报表，可以创建一种标准化的报表样式。这种方法虽然快捷，但是存在不足之处，尤其是不能选择出现在报表中的数据源字段。"报表向导"则提供了创建报表时选择字段的自由，除此之外，还可以指定数据的分组和排序方式，以及报表的布局样式。

任务实施

步骤 1. 打开"教学管理"数据库，在"导航"窗格中选择"教师表"，如图 5 - 6 所示。

步骤 2. 在"创建"选项卡的"报表"组中，单击"报表向导"按钮，打开"请确定报表上使用哪些字段"对话框,这时数据源已经选定为"表:教师表",如图5-7所示,当然,在"表/查询"下拉列表中也可以选择其他数据源。在"可用字段"列表框中,依次双击"姓名"、"性别"、"学历"、"职称"和"系别"等字段,将它们发送到"选定字段"中,然后单击"下一步"按钮。

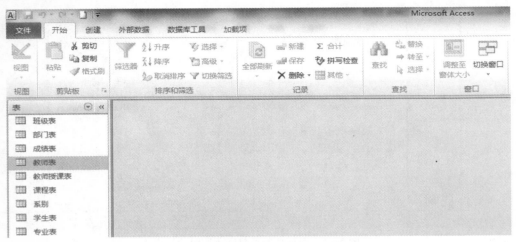

图5-6　教学管理数据库表对象

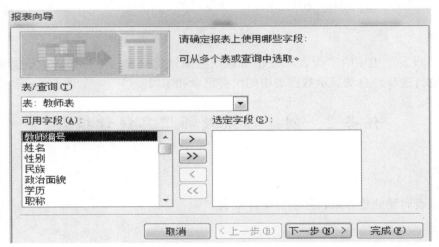

图5-7　报表向导字段选择

步骤3. 在打开的"是否添加分组级别"对话框中,如图5-8所示,自动给出分组级别,并给出分组后报表布局预览。这里是按"系别"字段分组,但是如果教师表与系别表之间没有建立一对多的关系,就不会出现自动分组,而是需要手工分组,单击"下一步"按钮。如果需要再按其他字段进行分组,可以直接双击左侧窗格中的用于分组的字段。

步骤4. 在打开的"请确定明细记录使用的排序次序"对话框中,如图5-9所示,确定报表记录的排序次序。这里选择按"职称"排序,如果想对"职称"重复的字段再排序则可选择第二或第三排序字段,然后单击"下一步"按钮。

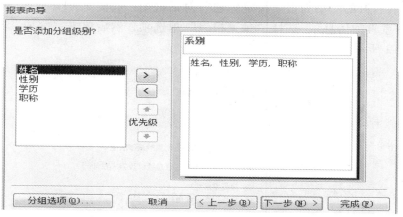

图 5－8　报表向导分组级别

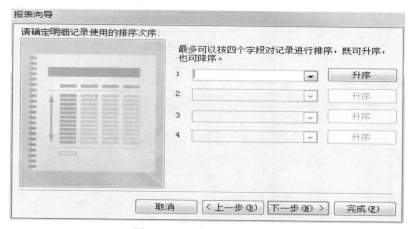

图 5－9　报表向导明细排序

步骤 5.在打开的"请确定报表的布局方式"对话框中,如图 5－10 所示,确定报表所采用的布局方式。这里选择"递阶"式布局,方向选择"纵向",单击"下一步"按钮。

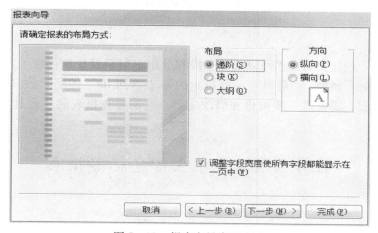

图 5－10　报表向导布局方式

步骤6. 在打开的"请为报表指定标题"对话框中，如图5-11所示，指定报表的标题，输入"各系教师信息"，选择"预览报表"单选项，然后单击"完成"按钮，创建的报表如图5-12所示。

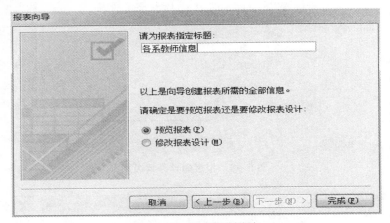

图5-11　报表标题指定

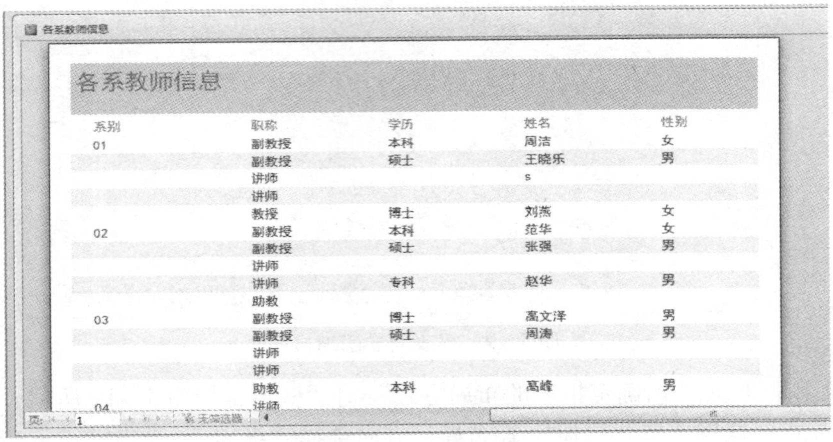

图5-12　创建的报表

小　结

使用报表向导创建报表虽然可以选择字段和分组，但只是快速创建了报表的基本框架，还存在不完美之处，例如，"系别"字段显示的是"系别ID"的字段值，很不直观。为了创建更完美的报表，需要进一步美化和修改完善，这需要在报表的"设计视图"中进行相应的处理。

任务3　创建学生信息标签报表

任务描述

使用标签报表向导创建学生信息标签报表。

任务分析

在日常工作中，经常需要制作"客户邮件地址"和"教师信息"等标签。标签是一种类似名片的短信息载体。使用 Access 提供的"标签"，可以方便地创建各种各样的标签报表。

任务实施

步骤1. 打开"教学管理"数据库，在"导航"窗格中选择"学生"表。

步骤2. 在"创建"选项卡的"报表"组中，单击"标签"按钮，打开"请指定标签尺寸"对话框，如图5-13所示。在其中指定所需要的一种尺寸，如果不能满足需要，可以单击"自定义"按钮自行设计标签。

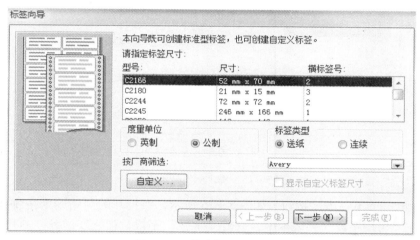

图 5-13 指定标签尺寸窗口

步骤3. 单击"下一步"按钮，在打开的"请选择文本的字体和颜色"对话框中，如图5-14所示，可以根据需要选择标签文本的字体、字号和颜色等，这里选择10号字，单击文本颜色文本框右侧的按钮，打开"颜色"调色板，在其中选择蓝色。

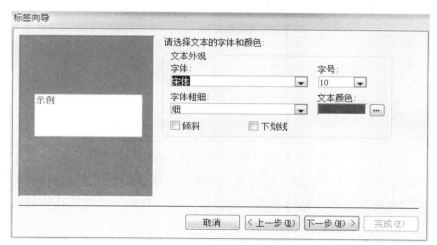

图 5-14 选择设置文本样式

步骤4. 单击"下一步"按钮，打开"请确定邮件标签的显示内容"对话框，如图5-15所示。在对话框中，"原型标签"窗格是个微型文本编辑器，在该窗格中可以对文字和添加的字段进行修改和删除等操作，如果想要删除输入的文本和字段，用退格键删除掉即可。单击"原型标签"窗格，输入所需文本"包头铁道职业技术学院"，然后，单击下一行，在"可用字段"窗格中，双击"学号"、"姓名"、"入学成绩"字段，发送到"原型标签"窗格中。把光标移到各字段之间，用空格调整各字段间距离，并且在入学成绩字段前输入文本"入学成绩:"。输入这些文本主要是为了让标签意义更明确。

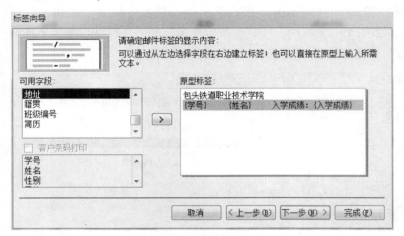

图5-15　确定标签显示内容

步骤5. 单击"下一步"按钮，如图5-16所示，在打开的"请确定按哪些字段排序"对话框中，在"可用字段"列表框中，双击"学号"字段，把它发送到"排序依据"列表框中，作为排序依据。

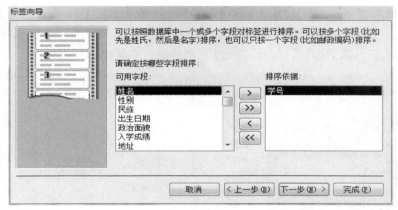

图5-16　确定标签排序显示字段

步骤6. 单击"下一步"按钮，如图5-17所示，在打开的"请指定报表的名称"对话框中，输入"学生标签"作为报表名称，单击"完成"按钮，至此完成标签的设计，设计结果如图5-18所示。

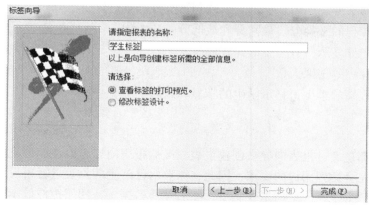

图 5-17 确定标签排序显示字段

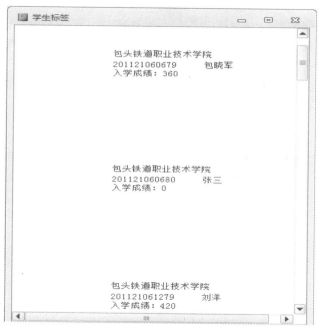

图 5-18 学生标签报表

小 结

标签报表就是用报表提取数据库中的数据，然后制作成标签的样子，打印出来可以作为标签使用。例如本任务中的学生标签、在超市中看到的商品的价签等。

任务4 使用报表设计工具创建报表并对报表进行编辑

任务描述

使用不同向导完成以下报表创建操作：

> ➤ 查询学生的学号、姓名、性别、民族和籍贯等基本信息
> ➤ 查询每门课程的平均分、最高分和最低分
> ➤ 使用查询向导显示所有学生的课程成绩
> ➤ 查询每门课程的选课人数
> ➤ 查询没有成绩的学生，显示学生的学号和姓名

任务分析

前面介绍的都是通过报表向导来创建报表，虽然报表向导可以快速创建报表，但是创建的报表一般不能完全达到用户的要求，因此，需要对已产生的报表进行再设计，或直接通过报表设计视图从一个全新的空白报表起步，然后选择数据源，使用控件显示文本和数据，进行数据计算或汇总，也可以对记录进行排序、分组、对齐、移动或调整控件等操作。

任务实施

任务4-1　选择课程表为数据源，使用设计视图来创建"课程基本情况"报表

步骤1. 打开"教学管理"数据库，在"创建"选项卡的"报表"组中单击"报表设计"按钮，打开报表设计视图，如图5-19所示。这时报表的页面页眉/页脚和主体节同时出现，这一点与窗体不同。

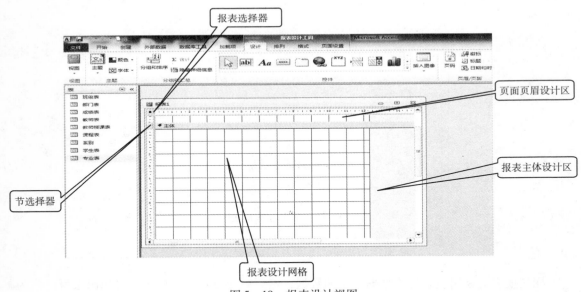

图5-19　报表设计视图

步骤2. 在报表设计视图中，双击左上角的"报表选择器"按钮，打开报表"属性表"窗口，如图5-20所示。在"数据"选项卡中，单击"记录源"属性右侧的省略号按钮，打开查询生成器，如图5-21所示，从中选择"课程表"。

步骤3. 在查询生成器中选择需要输出的字段，将课程名、是否必修、考试类别和学时字段添加到设计网格中，如图5-22所示。

步骤4. 在快速工具栏上，单击"保存"按钮，关闭查询生成器。完成数据源设置之后，关闭"属性表"返回报表的"设计视图"，如图5-19所示。单击工具组中的"添加现有字段"按钮，在屏幕右侧打开"字段列表"对话框，如图5-23所示。

图5-20 "属性表"窗格

图5-21 查询生成器

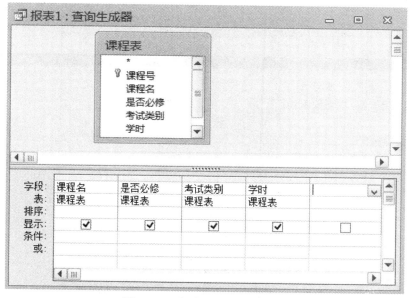

图5-22 报表中要输出的字段

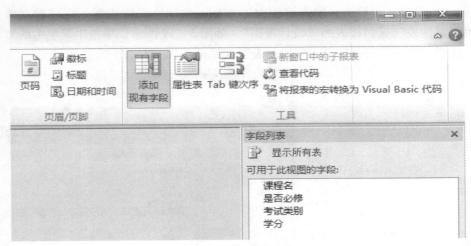

图 5 - 23　现有字段列表

步骤 5．将字段列表中的字段依次拖曳到报表的主体节中，并适当调整位置，如果主体内容过大，可向上拖动下边缘，减小主体区域。在"页面页眉"节中，单击报表设计工具中的"标签"控件，然后在"页面页眉"的中间进行拖曳，设定适当的大小，在标签中输入"课程信息"，完成后的设计结果如图 5 - 24 所示。

步骤 6．以"课程基本情况"为名称保存报表，切换到"打印预览视图"，可见如图 5 - 25 所示的报表。

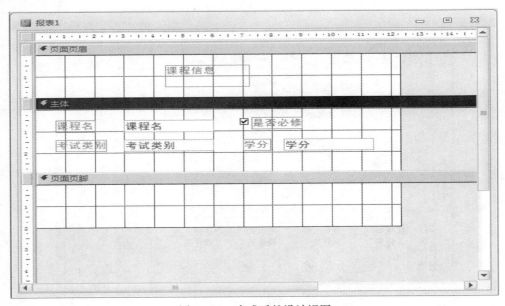

图 5 - 24　完成后的设计视图

图 5 - 25　完成后的报表样式

任务 4 - 2　使用设计视图创建"学生成绩"报表

步骤 1．打开"教学管理"数据库，在"创建"选项卡的"报表"组中单击"报表设计"按钮，打开报表设计视图，如图 5 - 19 所示。

步骤 2．在报表设计视图中，双击左上角的"报表选择器"按钮，打开报表"属性表"窗口，如图 5 - 20 所示。

步骤 3．选择"数据"选项卡，单击"记录源"属性右侧的省略号按钮，打开查询生成器。

步骤 4．在打开的"显示表"对话框中依次双击"课程表"、"学生表"、"成绩表"，将它们放入查询生成器的上半部分，关闭对话框。然后选择需要输出的字段，将学号、姓名、课程名称和成绩字段添加到设计网格中，如图 5 - 26 所示。

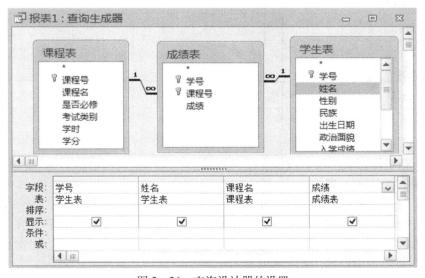

图 5 - 26　查询设计器的设置

步骤5. 在快速工具栏上，单击"保存"按钮，关闭查询生成器。完成数据源设置之后，关闭"属性表"，返回报表的"设计视图"，如图5-19所示。单击工具组中的"添加现有字段"按钮，在屏幕右侧打开"字段列表"对话框，如图5-27所示。

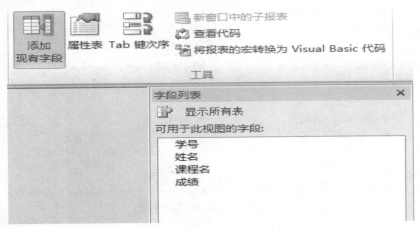

图5-27 "字段列表"窗格

步骤6. 单击功能区"页眉/页脚"工具组中的"标题"按钮，在报表设计区的两端会新增"报表页眉"节和"报表页脚"节，"报表页眉"节如图5-28所示。此时可以输入报表标题"学生成绩表"。

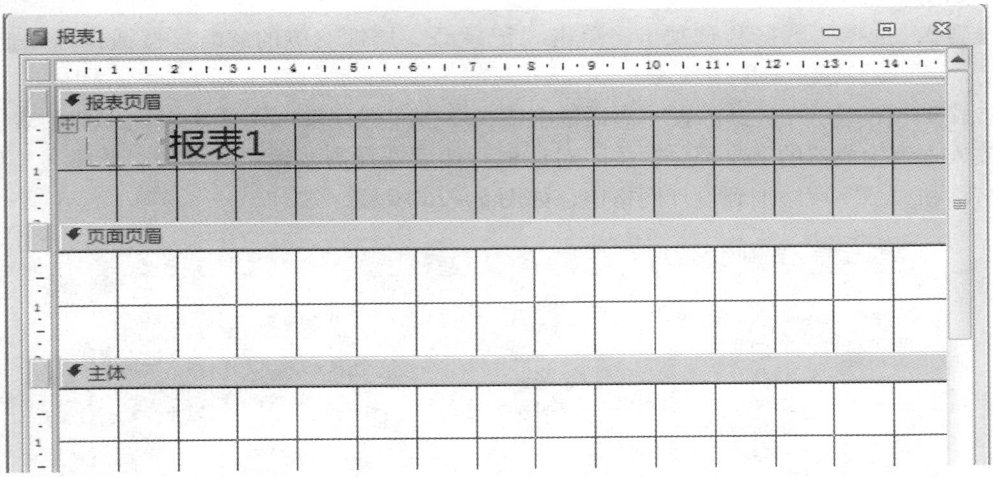

图5-28 设计报表页眉

步骤7. 将字段列表中的字段依次拖曳到报表的主体节中，删除字段前用于显示字段名称的标签，并适当调整位置。

步骤8. 在"页面页眉"节中，单击报表设计工具中的"标签"控件，在"页面页眉"节中添加4个标签，分别输入"学号"、"姓名"、"课程名称"和"成绩"。在"页面页眉"的中间进行拖曳，设定适当的大小，在标签中输入"课程信息"，完成后的设计如图5-29所示。同时，可以设定标签的相关控件属性，调整文字的颜色和大小。

图 5 - 29 学生成绩表设计视图

步骤 9. 单击功能区 "页眉/页脚" 工具组中的 "页码" 按钮, 打开如图 5 - 30 所示对话框。选择 "第 N 页" 格式, 选择 "页面底端 (页脚)" 位置, 单击 "确定" 按钮。

步骤 10. 以 "学生成绩表" 为名称保存报表, 切换到 "打印预览视图", 可见如图 5 - 31 所示的报表。

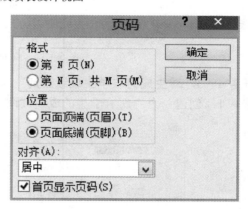

图 5 - 30 页码设置对话框

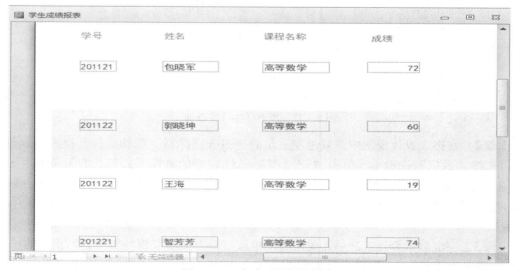

图 5 - 31 完成后的报表样式

小提示 在查询生成器窗口中，可以直接添加项目3中创建的查询“所有学生的课程成绩查询”，查询生成器的设置如图5－32所示。

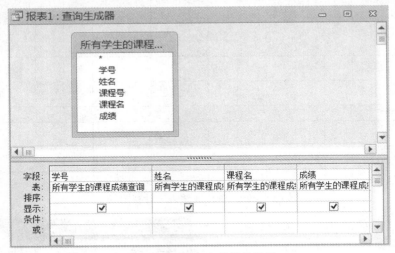

图5－32 查询生成器的设置

任务4－3 对生成的“学生成绩查询”报表分组计算

步骤1．创建一个“所有学生的成绩查询”的查询对象，查询的结果如图5－33所示。

学生成绩查询

学号	姓名	课程名	成绩
201121060679	包晓军	高等数学	72
201121060679	包晓军	大学语文	80
201121060679	包晓军	政治	57
201122020920	郭晓坤	高等数学	60
201122020920	郭晓坤	大学语文	80
201122020920	郭晓坤	政治	82
201122024009	王海	高等数学	19
201122024009	王海	大学语文	56
201122024009	王海	政治	80
201122024009	王海	大学英语	86
201122861326	刘红	大学语文	49
201122861326	刘红	政治	64
201221040440	智芳芳	高等数学	74
201221040440	智芳芳	大学语文	88
201221040440	智芳芳	政治	90
201221042105	张军	C语言	80
201221042105	张军	通信原理	80
201221060765	李勇	C语言	50
201221060765	李勇	计算机基础	50
201221060765	李勇	铁道概论	92
201221060765	李勇	通信原理	70
201222860601	黄磊	通信原理	90

图5－33 所有学生成绩查询

步骤2．在报表设计视图中，双击左上角的“报表选择器”按钮，打开报表“属性表”窗口，选择“数据”选项卡，单击“记录源”属性右侧的省略号按钮，打开查询生成器。在“显示表”对话框中选择查询“所有学生成绩查询”，双击将其放入查询生成器，关闭对话框。然后选择需要输出的字段，将学号、姓名、课程名和成绩字段添加到设计网格中，如图5－32所示。

步骤3．完成数据源设置之后，关闭查询生成器，再关闭“属性表”返回报表的“设计视图”。单击“工具”组中的“添加现有字段”按钮，在屏幕右侧打开“字段列表”对话框。

步骤4. 将字段列表中的所有字段都选中（按住 Shift 键单击第一个字段和最后一个字段），并将其拖动到设计视图的"主体"节中，如图5-34所示。

步骤5. 选中标签"学号"，剪切并粘贴到"页面页眉"节。利用同样的方法，将其他字段也移动到"页面页眉"节。调整各控件的大小和位置，效果如图5-35所示。

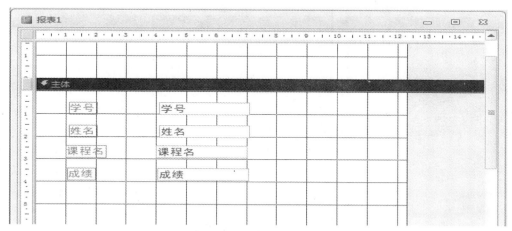

图5-34 添加字段到主体

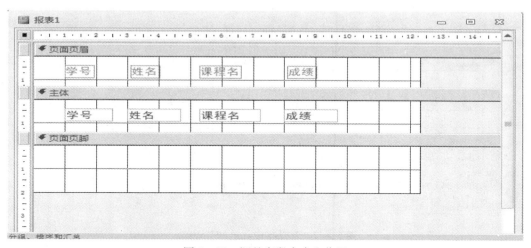

图5-35 调整字段大小和位置

步骤6. 单击工具栏上的"排序与分组"按钮，在窗口下方单击"添加排序"按钮，选择"学号"字段，如图5-36所示。在"排序次序"中选择"升序"选项，如设置其他属性可单击"更多"按钮，选择"有页眉节"和"有页脚节"属性。

组页眉和组页脚主要属性是用于决定是否在该节前后强制分页，而组页眉指定每一页的顶端是否都输出组页眉。

步骤7. 此时在设计视图中的"页眉页脚"节与"主体"节中间会出现"学号页眉"节。把"学号"和"姓名"字段移动到"学号页眉"节中，并从控件选项栏中选择直线工具控件，在"学号页脚"底部添加一条直线，作为组间的分隔线，如图5-37所示。

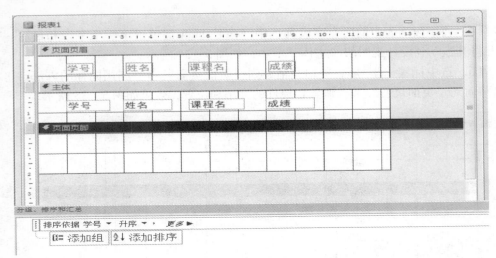

图 5 – 36 设置排序属性

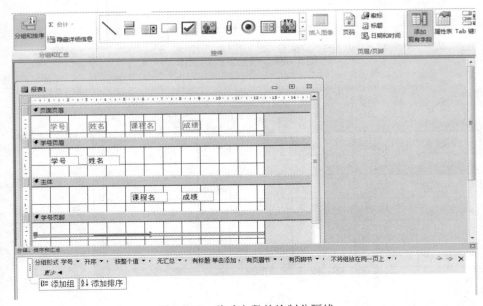

图 5 – 37 移动字段并绘制分隔线

步骤 8. 将设计好的报表保存为"学生成绩查询"。选择数据库窗口中的"预览"命令，打开设计好的报表预览视图，出现如图 5 – 38 所示的效果。

任务 4 – 4 应用计算控件实现计算

在报表中进行计算，首先要在报表的适当位置上创建一个计算控件。文本框是最常用的计算控件，但也可以使用任何具有"控件来源"属性的控件。在报表中创建的计算控件既可以对同一个记录的值进行计算，也可以对多个记录的同类型数据汇总。因此，在报表中创建的计算控件用途不同，放置的位置也不相同。

如果是对每一个记录单独进行计算，那么和所有绑定的字段都一样，计算控件文本框应放在报表的主体节中。

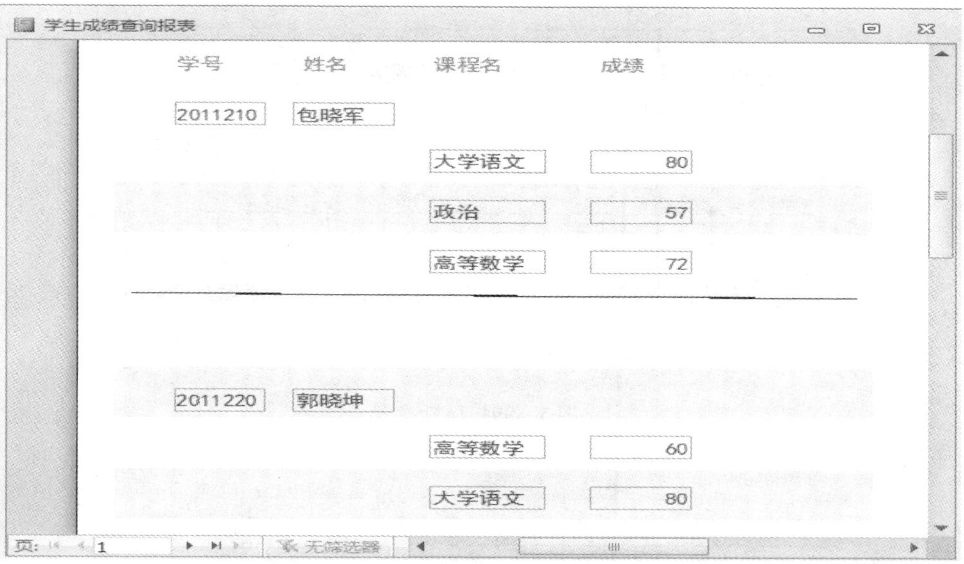

图 5 - 38 报表预览效果

　　如果是对分组记录进行汇总，那么计算控件文本框和附加标签都应该放在"组页眉"或"组页脚"节中。

　　如果是对所有记录进行汇总，比如计算平均值时，那么计算控件文本框和附加标签都应放在"报表页眉"或"报表页脚"节中。

1. 在报表中添加计算控件的基本操作

　　（1）打开报表的实际视图窗口。
　　（2）在控件选项栏中选择"文本框"工具。
　　（3）单击报表设计视图中某个想添加的节区，在该节区中添加一个文本框控件。
　　（4）双击该文本框控件就可以打开其属性对话框。
　　（5）在"控件来源"属性框中，输入以等号（ = ）开头的表达式，比如" = Sum（［成绩］）"、" = Avg（［成绩］）"、" = Data（）"、" = Now（）"等。

2. 具体计算步骤

　　（1）打开"学生成绩查询"报表的设计视图，在"主体"节内添加一个文本框控件，把文本框的标签移动到"页面页眉"节中，然后在属性对话框中设置"颜色"属性为"红色"，字体设置为粗体，字号大小 16。在主体节的文本框内输入" = ［成绩］+3"，调整其位置，效果如图 5 - 39 所示。
　　（2）在"学号页脚"节内添加两个文本框控件，在第一个文本框控件内输入" = Sum（［成绩］）"，在第二个文本框控件内输入" = Avg（［成绩］）"，然后对文本框的标签和文本框进行格式设置，效果如图 5 - 40 所示，最后通过预览按钮预览效果，如图 5 - 41 所示。

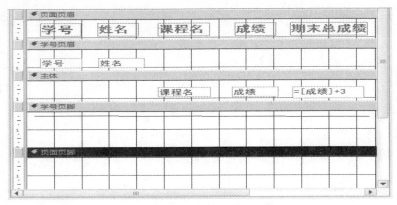

图 5 – 39　属性设置

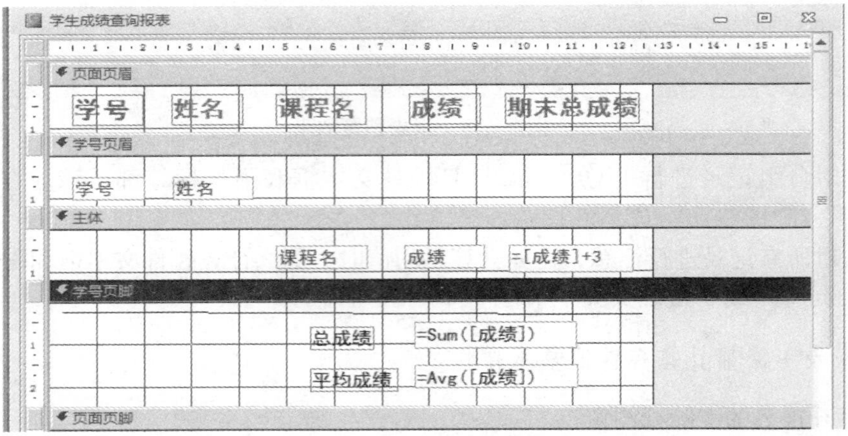

图 5 – 40　计算控件设置

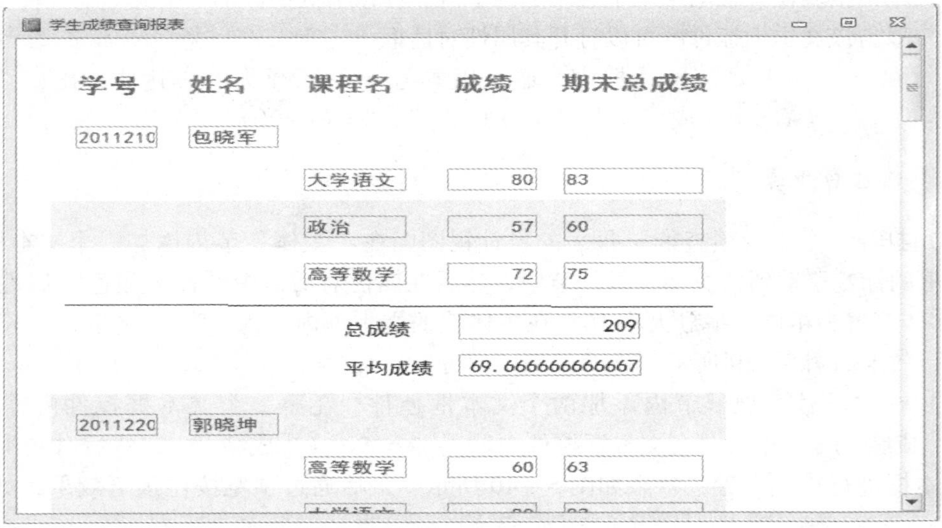

图 5 – 41　报表预览效果

小　结

在实际应用中，有些报表无法使用报表向导来完成，必须使用报表设计视图，并且报表设计视图下可以更灵活地建立、修改各种报表，从而提高报表设计的效率。

任务5　为报表添加背景

任务描述

为"学生成绩汇总查询报表"设置图片背景。

任务分析

通过报表的属性窗口设置报表的背景。

任务实施

（1）打开"学生成绩汇总查询报表"，切换到报表设计视图。

（2）在该视图下随之打开报表属性窗口，或者直接在工具栏中单击"属性表"按钮，来打开报表属性窗口。

（3）在属性窗口中，选择"格式"选项卡，通过"图片"选项对应的文本框右边的按钮打开"插入图片"对话框，选择一个准备好的背景图案，如图5-42所示。

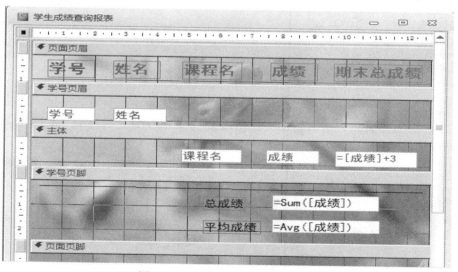

图5-42　添加报表背景效果预览

小　结

通过设置报表的背景，使打印出来的报表更加美观，还可以在报表中显示水印效果。

任务6 为报表添加页码和当前日期

任务描述

为"学生成绩汇总查询报表"添加页码和当前日期。

任务分析

如果希望打印出来的报表显示页码和日期，可以在报表设计窗口的页眉页脚区中添加页码和日期，并且可以对页码和日期的显示位置和格式进行设置。

任务实施

步骤1.添加页码。

（1）在设计视图中打开"学生成绩汇总查询报表"。选择"报表设计工具"｜"设计"选项卡，单击"页眉页脚"组中的"页码"按钮，如图5-43所示，弹出"页码"对话框，如图5-44所示。

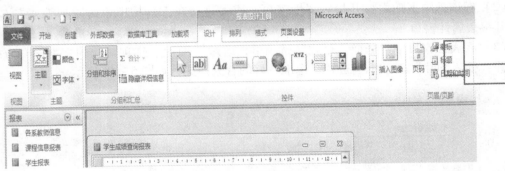

图5-43 报表预览效果

（2）在弹出的"页码"对话框中，根据需要选择相应的页码格式、位置和对齐方式，如图5-44所示。

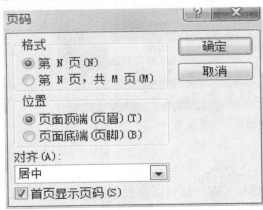

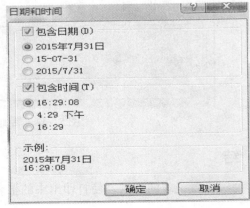

图5-44 页码设置　　　　　　　　图5-45 日期时间设置

对齐方式有下列几种可选择。

① 左：页码显示在左边缘。

② 中：页码显示在左右边缘的正中央。

③ 右：页码显示在右边缘。

④ 内：奇数页页码打印在左侧，偶数页页码打印在右侧。

⑤ 外：偶数页页码打印在左侧，奇数页页码打印在右侧。

如果要在第一页显示页码，就需要选中"首页显示页码"复选框；否则取消选择。

步骤2．添加当前日期和时间。

（1）在设计视图中打开相应的报表，单击工具栏中的"日期和时间"按钮，弹出"日期和时间"对话框，如图5－45所示。

（2）如果要添加日期，就选中"包含日期"复选框，然后设置相应的日期格式选项。如果要添加时间，就选中"包含时间"复选框，然后设置相应的时间格式选项，最后单击"确定"按钮。

小　结

本任务中介绍了如何在报表中添加页码和日期，用户可以选择需要的页码格式和日期时间格式，并且根据需要调整它们的显示位置。

任务7　报表的预览和打印

任务描述

打印已创建的报表。

任务分析

预览报表可显示打印页面和版面，这样可以快速查看报表打印结果的页面布局，并通过查看预览报表的每页内容，在打印之前确认报表数据的正确性。

任务实施

打印报表是将设计报表直接送往选定的打印设备进行打印输出。按照需要可以将设计报表以对象方式命名保存在数据库中。

步骤1．页面设置。

设置报表页面的工作主要包括设置页面的大小、打印方向和报表列数等。可以通过以下几步来设置。

（1）打开要设置页面的报表。

（2）选择菜单栏中的"页面设置"，如图5－46所示。

（3）根据不同需求选择设置纸张大小、页边距以及打印方向等。

步骤2．打印报表。

第一次打印报表以前，还需要检查页面边距、页面方向和其他页面设置的选项。当确定一切布局都符合要求后，打印报表的操作步骤如下。

（1）在数据库窗口中选定需要打印的报表，或在"设计视图"、"打印预览"或"布局预览"中打开相应的报表。

图 5 – 46　页面设置窗口

（2）单击"文件"菜单中的"打印"命令，或者按 Ctrl + P 键，打开"打印"对话框，如图 5 – 47 所示 。

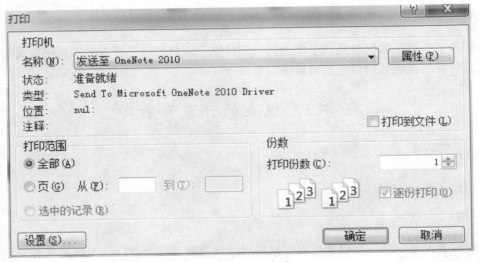

图 5 – 47　报表打印

（3）在"打印"对话框中，可以进行如下设置。

① 从"名称"下拉列表框中选择要使用的打印机。

② 在"打印范围"选项组中选择打印全部内容或指定打印页的范围。

③ 在"份数"选项组中指定要打印的份数。

小　结

打印报表之前，必须设置页面大小、纸张方向以及页边距等，并且通过预览报表查看打印效果，如果有需要则使用报表设计视图进行修改，以便达到最好的输出效果。

实　　　训

1. 创建标签报表，标签显示内容有学院名称、教师编号、姓名、职称和参加工作时间，其中排序字段为教师编号，效果如图5-48所示。

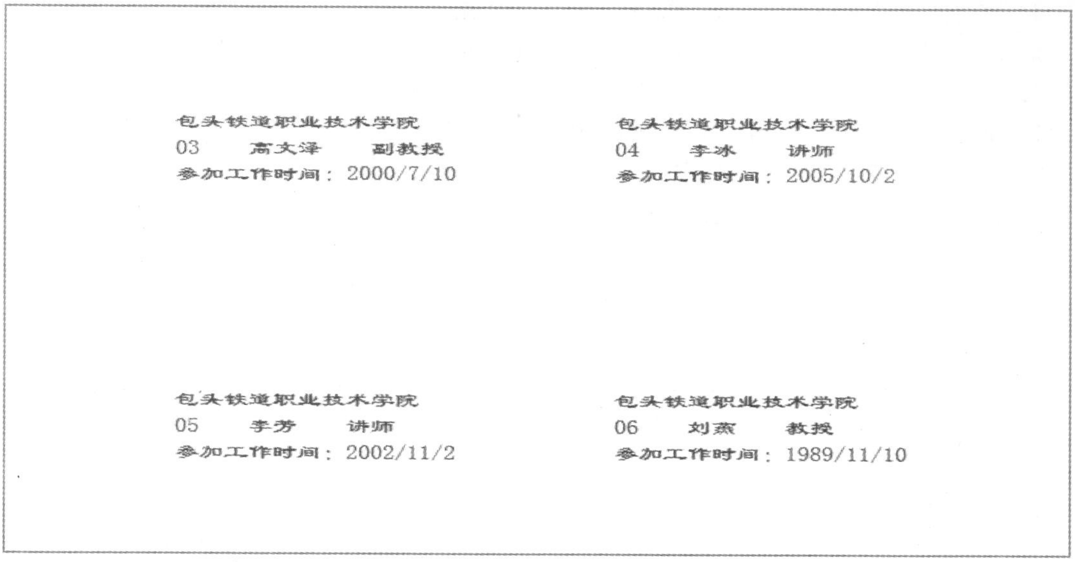

图5-48 标签报表

2. 使用设计视图来创建"教师信息表"报表，效果如图5-49所示。

图5-49 "教师信息表"报表

思考与练习

一、填空题

1. 根据版面格式的不同，Access的报表可以分为纵栏式报表、（   ）、（   ）和（   ）4种类型。

2. Access为报表的设计和查看提供了3种视图，分别为（   ）、（   ）和（   ）。

3. 报表数据输出不可缺少的内容是（　　　　）的内容。

4. 要设计出带表格线的报表，需要向报表中添加（　　　　）控件完成表格线显示。

5. Access 的报表要实现排序和分组统计，应通过设置（　　　　）属性来进行。

二、简答题

1. 简述在报表中为报表添加背景的方法。

2. 简述在报表中添加页码的方法。

3. 简述报表打印的具体方法。

项目 6

宏

● 学习目标

❋ 了解宏的概念和功能
❋ 理解常用的宏操作
❋ 掌握宏和宏组的创建和运行操作

预备知识

前面已经介绍了 Access 数据库中的几种基本对象：表、查询、窗体、报表，虽然这几种对象都具有强大的功能，但是它们彼此不能相互驱动。要想将这些对象有机地组合起来，只有通过 Access 提供的宏和模块这两种对象来实现。

1. 宏的概念

宏操作，简称为"宏"，是 Access 中的一个对象，是一种功能强大的工具。它是指一个或多个操作命令的集合，其中每个操作实现特定的功能。通过宏能够自动执行重复任务，使用户更方便而快捷地操纵 Access 数据库系统。使用宏非常方便，不需要记住各种语法，也不需要编程，只需利用几个简单宏操作就可以对数据库完成一系列的操作。宏实现的中间过程完全是自动的，通常人们把宏称为 Access 的灵魂。本章主要介绍宏的基本概念和相关内容。

Access2010 为用户提供了 70 种宏操作，进一步增强了宏的功能，使创建宏更加方便，宏的功能更加强大，使用宏可以完成更为复杂的工作。

Access 下的宏可以是包含操作序列的一个宏，也可以是某个宏组，宏组由若干个宏构成。另外还可以使用条件表达式来决定在什么情况下运行宏，以及在运行宏时是否进行某项操作。根据以上 3 种情况可以将宏分为 3 类：操作序列宏、宏组和含有条件操作的条件宏。宏包含的每个操作都有名称，操作名称是系统提供的，由用户选择的操作命令不能更改。一个宏中的多个操作命令在运行时按先后顺序执行，如果设计了条件宏，则操作会根据对应设置的条件决定能否执行。

2. 宏的功能表现

在 Access 中宏的具体功能主要表现在以下几个方面。

1）连接多个窗体和报表

有些时候，需要同时使用多个窗体或报表来浏览其中相关联的数据。例如，在"教学管理"数据库中已经建立了"学生"和"选课"两个窗体,使用宏可以在"学生"窗体中,通过与宏链接的命令按钮或者嵌入宏,打开"选课"窗体,以了解学生选课情况。

2)自动查找和筛选记录

宏可以加快查找所需记录的速度。例如,在窗体中建立一个宏命令按钮,在宏的操作参数中指定筛选条件,就可以快速查找到指定记录。

3)自动进行数据校验

在窗体中对特殊数据进行处理或校验时,可以发挥宏的作用,使用宏可以方便地设置检验数据的条件,并可以给出相应的提示信息。

4)设置窗体和报表属性

使用宏可以设置窗体和报表的大部分属性。例如,在有些情况下,使用宏可以将窗体隐藏起来。

5)自定义工作环境

使用宏可以在打开数据库时自动打开窗体和其他对象,并将几个对象联系在一起,执行一组特定的工作。使用宏还可以自定义窗体中的菜单栏。

3. 宏设计窗口的常用操作

操作序列宏是最基本的宏类型,是包含一系列操作的宏。Access中提供了一系列基本的宏操作,每个操作都有自己的参数。打开数据库,切换至"创建"选项卡,单击"宏与代码"组中的宏按钮,打开进行宏设计时使用的宏设计窗口,如图6-1所示。

图6-1 宏操作窗口

Access 2010对宏设计器进行了更新,使用户在创建、编辑和查找宏时更为简便、灵活,编辑宏的方式更为符合程序设计的流程。在进行宏设计过程中,添加操作时可以从"添加新操作"列表中选择相应的操作,也可以从操作目录中双击或者拖动相应的操作。

宏是由操作、参数、注释(Comment)、组(Group)、条件(If)、子宏等几部分组成的,Access 2010对宏结构进行了重新设计,使得宏的结构与计算机程序结构在形式上十分相似。这样，用户从对宏的学习过渡到对 VBA 程序的学习是十分方便的。宏的操作内容比程序代码更简洁，易于设计和理解。

与宏设计窗口相关的工具栏如图6-2所示，工具栏中主要按钮的功能见表6-1。由于 Access 2010 的宏设计界面的变化，宏设计以程序流程设计为主，因此工具栏中主要与宏流程语句块的折叠与展开操作有关。

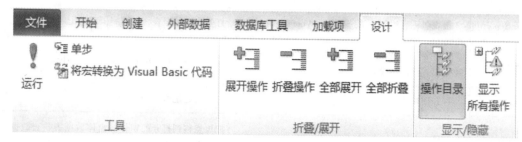

图6-2 宏设计的工具栏

表6-1 宏操作设计工具栏按钮的功能

按钮	名称	功 能
！	运行	执行当前宏
	单步	单步运行，一次执行一条宏命令
	宏转换	将当前宏转换为 VisualBasic 代码
	展开操作	展开宏设计器所选的宏操作
	折叠操作	折叠宏设计器所选的宏操作
	全部展开	展开宏设计器全部的宏操作
	全部折叠	折叠宏设计器全部的宏操作
	操作目录	显示或隐藏宏设计器的操作目录
	显示所有操作	显示或隐藏操作列中下拉列表所有操作或尚未受信任的数据库中允许的操作

4. 常用的宏操作简介

Access 提供了几十个宏操作命令，常用的操作如表6-2所列。选择一个宏操作后，按 F1 键打开帮助窗口，可获得该操作的功能及操作参数的设置方法。

表 6 – 2　Access 2010 的主要宏操作

操作名称	操作参数	说明
OpenTable	表名、视图、数据模式	打开指定的数据表
OpenQuery	查询名称、视图、数据模式	打开指定的查询
OpenReport	报表名称、视图、筛选名称、Where 条件	打开或打印报表，可限制出现的记录数
OpenForm	窗体名称、视图、筛选名称、Where 条件、数据模式、窗体模式	打开窗体，并可限制窗体所显示的记录数
Echo	打开回响、状态栏文字	可以指定是否打开回响
GoToControl	控件名称	把焦点移到打开的窗体、窗体数据表、表数据表、查询数据表中当前记录的特定字段或控件上
GoToRecord	对象类型、对象名称、记录、偏移量	使指定的记录成为打开的表、窗体或查询结果集中的指定记录变成当前记录
OnError		指定宏出现错误时如何处理
Close	对象类型、对象名称、保存	关闭指定对象的 Access 窗口，如果没有指定窗口，则关闭活动窗口
Maximize		放大活动窗口，使其充满 Access 窗口，该操作可以使用户尽可能多地看到活动窗口中的对象
Minimize		将活动窗口缩小为 Access 窗口底部的小标题栏
StopMacro		停止当前正在运行的宏
SetValue	项目、表达式	设置窗体、窗体数据表或报表上的字段、控件或属性的值
Quit	选项	退出 Access

5. 创建宏

（1）在"创建"选项卡上的"宏与代码"组中，单击"宏"，Access 将打开如图 6 – 1 所示的宏设计窗口。

（2）在"添加新操作"列表中选择某个操作，或在"开始"框中输入操作名称，将在显示"添加新操作"列表的位置添加该操作。也可以从右侧的操作目录中双击或者拖动操作实现添加操作到宏。

（3）如果需要添加更多的操作，可以重复上述两步。

（4）在软件界面左上方快速访问工具栏上单击"保存"按钮，在"另存为"对话框中为宏输入一个名称，然后单击"确认"按钮，命名并保存设计好的宏。

任务 1 创建一个操作序列宏 "预览教师信息表"

任务描述

创建一个操作序列宏 "预览教师信息表"，其功能是以最大化窗口的方式打开 "教师信息表"。

任务分析

操作序列宏是最基本的宏类型，是由一系列宏操作组成的序列，通过 "宏与代码" 组中的 "宏" 命令可以创建操作序列宏。

任务实施

（1）打开 "教学管理" 数据库，单击 "创建" 选项卡上的 "宏与代码" 组中的 "宏"，打开宏设计窗口。

（2）添加操作：在添加新操作下拉列表中选择要使用的操作 OpenTable。

（3）设置参数："表名称" 设置为 "教师信息表"，"视图" 设置为 "数据表"，"数据模式" 设置为 "只读"，如图 6–3 所示。

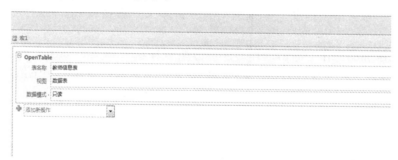

图 6–3 打开数据表宏窗口设置

（4）移到下面一个操作行，添加另一个操作 Maximize，该操作没有参数。

（5）单击工具栏上的 "保存" 按钮，在随后出现的 "另存为" 对话框中输入宏名称 "预览教师信息表"，单击 "确定" 按钮。

（6）关闭宏窗口，宏对象窗口中出现所保存的 "预览教师信息表" 宏。

小 结

每次运行操纵序列宏时，都会按照操作序列中命令的先后顺序执行。

任务 2 创建宏组

任务描述

创建一个名为 "学生信息表维护" 的宏组，其中包含 3 个宏，如表 6–3 所列。

表6-3　"学生信息表维护"宏组

宏名	操作要求
显示学生记录	以只读模式打开"学生信息"窗体
修改学生记录	以编辑数据模式打开"学生信息"窗体
退出系统	保存所有结果并退出 Access

任务分析

　　宏组是指在同一个宏窗口中包含的一个或多个宏的集合。如果要在一个位置上将几个相关的宏集中起来，而不希望运行单个宏，则可以将它们组织起来构成一个宏组。宏组不会影响操作的执行方式，其中的每个宏都单独运行，互不相关。在宏组中每个宏分组需要一个名称，以便分别调用。

任务实施

　　步骤1. 在"创建"选项卡上的"宏与代码"组中单击"宏"按钮，打开宏设计窗口，在"添加新操作"列中单击下拉按钮，选择需要宏执行的操作 OpenForm；然后设置操作参数："窗体名称"为"学生信息"，"视图"为"窗体"，"数据模式"为"只读"，"窗口模式"为"普通"。

　　步骤2. 在添加的操作上右击选择"生成分组程序块"命令，如图6-4所示，打开如图6-5所示的界面。在生成的 Group 块顶部的框中，输入宏组名称"学生信息表维护"，即完成分组，如图6-6所示。

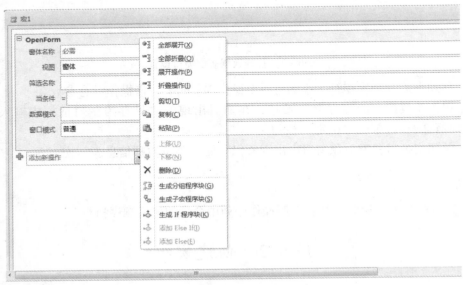

图6-4　生成分组程序块

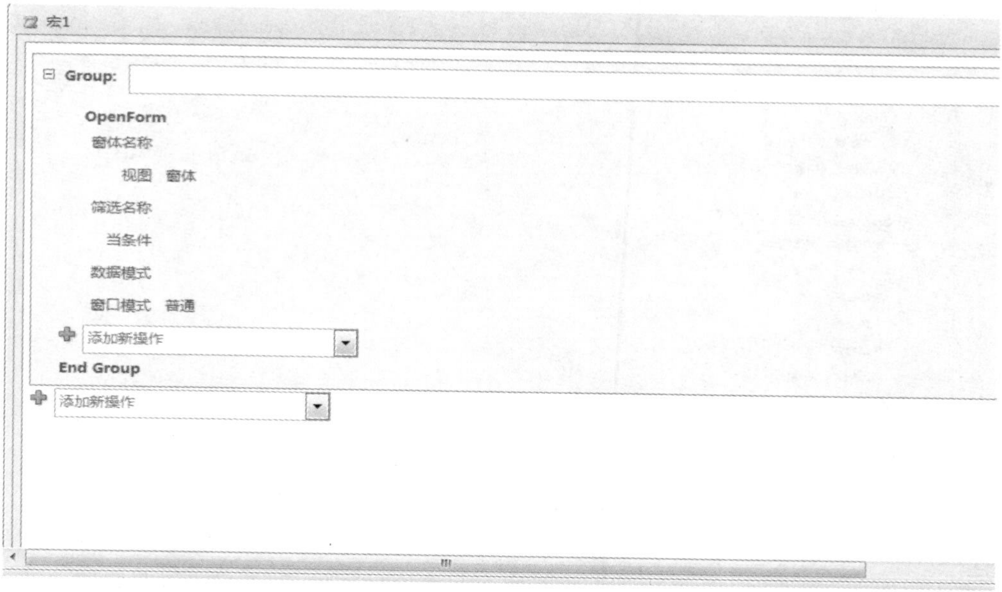

图6-5 命名宏组

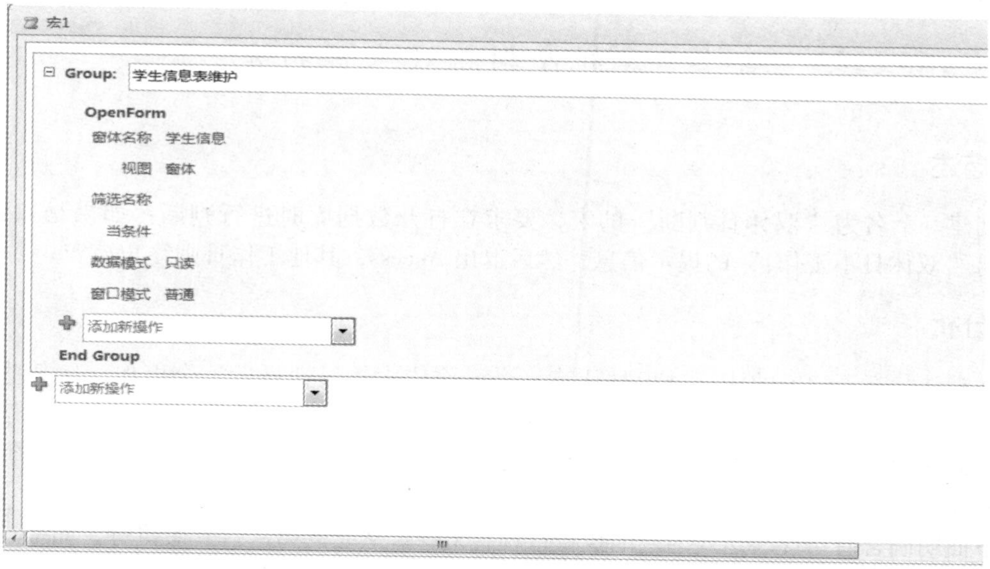

图6-6 宏组命名

步骤3. 接着添加一个OpenForm宏操作，然后设置操作参数："窗体名称"为"学生信息"，"视图"为"窗体"，"数据模式"为"编辑"，"窗口模式"为"普通"。

步骤4. 再添加一个Quit退出宏操作，"选项"操作参数保持默认的"全部保存"设置，如图6-7所示。

步骤5. 单击工具栏上的"保存"按钮，在随后出现的"另存为"对话框中输入宏组名称"学生信息表维护"，单击"确定"按钮。

步骤6. 关闭宏窗口，宏对象窗口中出现保存的"学生信息表维护"宏组。

图 6 – 7 "学生信息表维护"宏组参数设置

小 结

宏组的命名方法与其他数据库对象相同。调用宏组中宏的格式为：宏组名·宏名。

任务 3 创建判断双休日的宏

任务描述

创建一个名为"双休日判断"的宏，要求在打开数据库时进行判断：如果是双休日，就弹出"双休日不工作！"的提示信息，然后退出 Access，其他工作日则终止该宏。

任务分析

在默认状态下，宏的执行过程是从第一个操作依次执行到最后一个操作。在某些情况下，可能希望仅当特定条件为真时才在宏中执行相应的操作。这时可使用宏的条件表达式来控制宏的流程，这样的宏称为条件操作宏。使用条件表达式可以决定在某些情况下运行宏时某个操作是否进行。

下面明确含有条件表达式的宏的执行过程：Access 从宏的第一行开始执行，如果没有条件，则 Access 将直接执行该行的操作；如果有条件，Access 将先求出条件表达式的结果，如果这个条件的结果为真，Access 将执行所设置的操作，紧接着操作在"条件"栏中有省略号的所有操作。然后，Access 将执行宏中任何空"条件"字段的附加操作，直至到达另一个表达式、宏名或退出宏。如果这个表达式的结果为假，Access 将会忽略这个操作以及紧接着该操作且在"条件"字段内有省略号的操作，并且移到下一个包含其他条件或空"条件"字段的操作。

任务实施

步骤 1. 在"创建"选项卡上的"宏与代码"组中单击"宏"按钮，打开宏设计窗口。

步骤2. 在"添加新操作"列中单击下拉按钮，选择需要宏执行的操作 If；首先设置条件成立时的宏操作参数。

步骤3. 在 If 后面的文本输入框中输入判断星期六和星期日的条件表达式：Weekday（Date（））=7 Or Weekday（Date（））=1；在操作栏的下拉列表框中选择 MsgBox 选项，在其操作参数区中"消息"文本框中输入"双休日不工作!"，"类型"设置为"信息"，"标题"设置为"提示"。

步骤4. 在下面的"添加新操作"栏中选择 If 宏操作，条件文本框中输入省略号"…"，接着在操作栏的下拉列表框中选择 QuitAccess 宏操作选项，操作参数采用默认值，如图6-8所示。

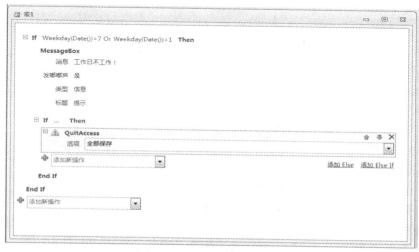

图6-8 条件成立判断设置

步骤5. 设置条件不成立时的宏操作。单击"添加 Else"，在添加新操作中选择 StopAu-Macros 宏操作，如图6-9所示。

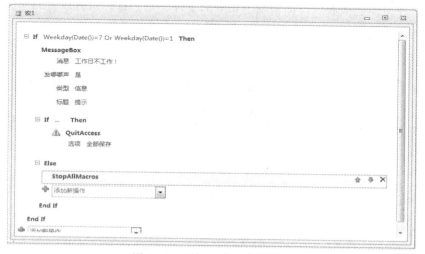

图6-9 添加不成立参数设置

步骤6. 单击工具栏上的"保存"按钮，在随后出现的"另存为"对话框中输入宏名称"双休日判断"，单击"确定"按钮。

步骤7. 关闭宏窗口，宏对象窗口中出现保存的"双休日判读"宏。

小 结

条件宏就是当条件满足时才执行的宏。如果在某个窗体中使用宏来校验数据，可能要显示相应的信息来响应记录的某些输入值，显示其他信息来响应另一些不同的值。在这种情况下，可以使用条件来控制宏的流程。

知识链接

在创建完一个宏之后，用户就可以运行宏了。宏的运行可分为多种不同的情况：既可以通过宏命令来直接运行宏，也可以在其他宏或事件过程中执行宏，或者将执行宏作为对窗体、报表、控件中所发生事件做出的响应。

1. 直接运行宏

使用下列方法之一即可直接运行宏。

(1) 从"宏"设计窗体中运行宏，单击工具栏上的"执行"按钮 ❗。

(2) 在导航窗格中执行宏，双击相应的宏名。

(3) 使用 RunMacro 或 OnError 宏操作调用宏。

(4) 在对象的事件属性中输入宏名称，宏将在该事件触发时运行。

2. 通过响应窗体、报表或控件的事件运行宏或事件过程

通常情况下，直接运行宏或宏组里的宏是在设计和调试宏的过程中进行，只是为了测试宏的正确性。在确保宏设计无误后，可以将宏附加到窗体、报表或控件中，以对事件做出响应，或创建一个执行宏的自定义菜单命令，其具体操作步骤如下。

(1) 打开窗体或报表，将视图设置为"设计视图"。

(2) 设置窗体、报表或控件的有关事件属性为宏的名称或事件过程。

(3) 在打开窗体、报表后，如果发生相应的事件，则会自动运行设置的宏或事件过程。

实　　训

创建一个名为"教师信息表维护"的宏组，要求包含如表6-4所列的3个宏内容。

表6-4　宏内容

宏名	操作要求
显示教师记录	以只读模式打开"教师信息"窗体
修改教师记录	以编辑数据模式打开"教师信息"窗体
退出系统	保存所有结果并退出 Access

思考与练习

一、填空题

1. 宏是一个或多个（　　　）的集合，每个操作实现特定的功能。

2. 通过宏能够（　　　），使用户更方便而快捷地操纵 Access 数据库系统。

3. 宏一般分为 3 类，主要是（　　　）、（　　　）和（　　　）。

4. 宏是由（　　　）、（　　　）、注释、（　　　）、（　　　）、子宏等几部分组成的。

5. 宏组是指（　　　）的集合。

二、简答题

1. 什么是宏？什么是宏组？

2. 在 Access 中宏的具体功能主要表现在哪几个方面？

3. 如何运行宏？